数据缺失下的遥感影像预测模拟技术及农业应用

Remote Sensing Images Temporal-Spatial Synthesis Technology for Filling Date Gap and Application in Agriculture

刘　芳　刘祥磊　陈　铮　著

东南大学出版社
SOUTHEAST UNIVERSITY PRESS
·南京·

内 容 提 要

本书针对遥感数据缺失问题，运用遥感影像预测模拟技术，对遥感影像进行整景时序插补和空间局部修复，以支持农情遥感监测。本书基于对传统时空自适应模型、基于时空自适应的加权合成方法、改进纹理合成技术、逆块克里金技术、逆块克里金模型估计地统计参数、高斯分布下的随机变量模拟、遗传-退火算法模拟空间布局等的研究，系统地阐述了遥感影像时序插补技术、遥感影像空间修复技术、遥感影像融合技术和图像质量评价指标，并介绍了时序插补影像在农业估产上的应用以及对冬小麦种植地块上云遮挡空间局部信息的修复等。

本书可作为遥感科学与技术、地理信息科学与技术、农情遥感技术、计算机图形学等领域的研究开发人员及相关专业教师、研究生的参考书。

图书在版编目(CIP)数据

数据缺失下的遥感影像预测模拟技术及农业应用/
刘芳，刘祥磊，陈铮著.—南京：东南大学出版社，
2021.8

ISBN 978-7-5641-9692-9

Ⅰ. ①数… Ⅱ. ①刘… ②刘…③陈… Ⅲ. ①遥感图像-图像处理-数值模拟-应用-农业-研究
Ⅳ. ①S127

中国版本图书馆 CIP 数据核字(2021)第 196782 号

责任编辑：魏晓平　责任校对：韩小亮　封面设计：顾晓阳　责任印制：周荣虎

书　　名：数据缺失下的遥感影像预测模拟技术及农业应用
著　　者：刘　芳　刘祥磊　陈　铮
社　　址：南京四牌楼 2 号
网　　址：http://www.seupress.com
电子邮箱：press@seupress.com
经　　销：全国各地新华书店经销
印　　刷：广东虎彩云印刷有限公司
开　　本：787 mm×1092 mm　1/16
印　　张：10.25
字　　数：240 千
版　　次：2021 年 8 月第 1 版
印　　次：2021 年 8 月第 1 次印刷
书　　号：ISBN 978-7-5641-9692-9
定　　价：50.00 元

本社图书若有印装质量问题，请直接与营销部联系。电话:025-83791830。

前　言

　　世界范围内遥感数据的共享保障机制很大程度上缓解了因突发事件、常规动态监测、重大灾害的灾情预警和防控等带来的压力,但是不同应用目的对数据的观测能力、空间颗粒度和时间频次需求不同,由此造成数据资源在需求方面相对不足的矛盾。从空间分辨率角度看,大尺度干旱、洪涝灾害需要大幅宽、中低分辨率遥感观测能力,而对于由地震、滑坡、泥石流等灾害引起的房屋、道路等承灾体损毁,需要米级甚至亚米级的空间辨识能力进行精细化评估。从观测频次角度看,灾害发生发展受大气、地理环境、地质条件等因素影响,干旱等缓发性灾害的变化较慢,对灾害重访观测时间要求不高,可以天、旬等为单位进行观测;而台风、森林草原火灾等灾害发展变化很快,观测时间间隔需要达到小时甚至分钟级。因此,需要多平台、多载荷、多分辨率相结合,通过高低轨、中高分辨率卫星组网提高灾害综合观测、高分辨率观测和应急观测能力。由于灾害种类多样,不同类型灾害、不同灾害监测要素以及灾害管理不同阶段,对遥感空间基础设施的技术性指标和数量要求都不相同。针对未来多平台、多源、多系统的遥感数据特征,深入开展多源、长序列遥感数据的综合处理技术和产品加工技术,制定标准化的遥感数据产品加工标准体系,开发面向应用产品的遥感数据集成加工的技术软件,建立高效的遥感数据产品加工系统对于各个科研院所、研究机构、企事业单位,乃至政府部门提高工作效率和管理能力至关重要。

　　本书旨在阐述针对遥感数据缺失下的遥感影像预测模拟技术,包括对遥感影像进行整景时序插补、空间局部修复、多源数据融合的关键算法与技术,支持农情遥感监测。在梳理国内外遥感数据的共享机制、遥感数据的应急机制、遥感影像合成技术现状、卫星类型与遥感数据获取保障机制的基础上,重点阐述了遥感影像时序插补技术、遥感影像空间修复技术、遥感影像融合技术等内容,最后给出了一些在农业方面的具体应用,如时序插补影像在农业估产上的应用,对冬小麦种植地块上云遮挡空间局部信息的修复。

　　本书共9章,分为相对独立又相互呼应的3个板块。第一板块为第1章,介绍通用的卫星类型和遥感影像应急机制研究现状;第二板块为第2章至第5章,介绍遥感影像时序插补技术、遥感影像空间修复技术、遥感影像融合技术和图像质量评价指标;第三板块为第6章至第8章,介绍研究区的数据标准化处理及估产模型、时序插补影像在农业估产上的应用以及对冬小麦种植地块上云遮挡空间局部信息的修复。

纵观本书,其技术特点主要表现在以下几个方面:

1) 设计了一套遥感影像融合技术的建模-测试体系。该体系的设计目的是建立遥感影像融合算法的一套基本处理流程。在多源数据使用之前,需对数据来源——不同传感器成像异同进行比较,分析其差异指标及差异程度是否影响后续工程应用,之后通过多源传感器一致性检验对传感器自身的准确性进行估量,通过建立模拟实景的仿真图试验总结参数的适用阈,最后,从工程应用的多个角度对实景影像展开测试,以及开展在多种应用场景和特定应用模式下算法适用性改进的探究。

2) 建立针对遥感影像整景缺失的时序插补模型。一方面,在有限的遥感数据源中,经常遇到由于卫星重访周期长、地面接收条件限制或云量超标等原因造成的所需关键时相影像整景缺失的问题;另一方面,农业物候对时相获取有着迫切需求,因此如何弥补遥感数据的时序缺失,解决数据在农业应用中遇到的时间性制约就显得极为重要。该模型的特色在于考虑到遥感影像的像素灰度值是一类特殊的观测值,具有系统误差和偶然误差,并用方差定量评价观测值,此外,考虑到异源传感器的数据产品在空间上具有相关性和一致性,同源传感器数据时序在时间上具有连续性,即异源传感器得到同态的地物动态变化。这种研究思路较以往单一的目标研究更具系统性、整体性,结果更加科学、更具说服力。

该模型同时借鉴了空间域迭代、连续校正、时空自适应等系列算法的思路,超越了现有算法,表现在:①综合考虑了多源传感器的相互关联性和时间连续性,从而使数据处理更具整体性和时空性;②针对现有的基于时间和基于空间的多传感器数据合成方法在预处理过程中未考虑传感器间的关联性和差异性的情况,本书提出了对多个传感器进行一致性检验,为后续的相对辐射校正提供传感器准确性的指标依据;③基于贫信息下的影像预测模型是一种非线性模型,本书克服了在信息量不足的情况下进行预测存在的困难,运用 IDL 语言进行编程,实现了空间预测模型的建立,并以实例验证了模型的有效性;④将理论和实际相结合,为了评估所提出的算法的适用性及性能,本节设计了一套仿真图测试策略,包括根据不同地表特征数字仿真图像、不同参数设置评估算法、遥感影像测试、迭代多次结果比较,为其他同类算法试验提供了参考。

3) 从两种思路展开对影像空间缺损问题的应用与探究,有效预测中分辨率影像需修复的部分,包括云朵遮盖部分及原中分辨率影像未覆盖的小面积研究区域。将地统计学克里金理论移植至遥感影像处理领域,虽然该理论还不成熟,但是对解决本书中的问题不失为一种好的思路。本书完善了该理论基础,对其中的两个关键问题找到行之有效的技术支撑,提出了健全的实现方案。总体思路分解为三步:第一步完成地统计参数的估计,采用逆块克里金模型在样本区建立起地统计关系,表示为协方差函数和期望的形式。第二步完成随机变量模拟（random variable simulation），假设估计值满足高斯分布。第三步完成空间布局模拟，采用遗传-退火算法完成。该方法的特色在于只需输入有大范围重叠区的中低分影像，而遥感影像的空间变异性一般用协方差函数（或变异函数）来描述，根据变异函数和低分像素值，在预测区合成得到中分影像。该技术可以实现纹理合成（texture synthesis）和结构信息合成（structure information synthesis）双重应用目的。不足之处是对于遥感影像来说，后续计算量庞大。然而时至今日，随着高性能计算机技术、并行处理技术的发展，这一问题不再是难题。

4）将影像时序插补模型和空间修复模型应用至遥感实景影像，将前者合成的结果影像应用于北京地区冬小麦单产估测，从影像层面和估产应用层面分别对算法进行评价，将空间修复模型应用至主产区内冬小麦种植地块，得出以下结论：

在理论算法层面，取得较为理想的效果。从合成影像与真实影像变化检测统计结果可以得知，误差介于区间[－0.1，0.1]的像素百分比为92%。在市级估产应用层面，合成影像遥感估产结果与统计官方发布数据相比较，两者间有很好的线性关系，相关系数R^2为0.852。需要说明的是，本书的应用是在算法的试验条件进行两方面假设的基础上展开的，一是经过异源数据一致性检校，二是认为数据具有可以开展试验的理想条件。纹理块填充技术的优点是适用于大面积信息恢复，但对样本尺寸等方面未能实现自适应控制，对于边缘的结构性信息缺损效果尚可。各向异性方法的特点是建立空间矢量场自动控制模型的方向，具有较强的方向自适应能力，但目前只适于修补结构性信息，不适于修补大范围面积。

本书提出的方法对于结构性信息和区域信息缺损均适用，效果较好。随着分形理论和小波理论的引入，可以实现纹理样本尺寸分级自适应处理。如建立方向矢量场，可以控制模型的方向；随着图像修复理论基础的进一步成熟，有望实现自动化。

本书是北京建筑大学教师团队在各类基金项目联合资助之下的成果。本书的研究成果受以下项目资助：

1）国家自然科学基金（青年科学基金项目）：基于双尺度湍流模式的城市建筑形态对点源大气遮挡物扩散的影响研究（41601150）

2）国家重点研发计划战略性国际科技创新合作重点专项：强震地震动模拟与空间化信息集成技术合作研发与应用示范（2018YFE0206100）

3）北京市教委科研项目-科技计划一般项目（面上项目）：GBSAR城市桥梁监测信号降噪与安全评估理论与方法研究（KM201910016005）

4）北京建筑大学双塔计划：城市建筑形态对点源大气遮挡物扩散的影响机制研究（JDYC20160209）

5）北京建筑大学校设科研基金自然科学项目（博士科研启动基金）：基于地表参量的农

业灌溉用水多尺度变化特征及尺度效应研究(ZF15058)

6)市属高校基本科研业务费项目(ZC06 科技支撑性项目):建筑的多孔介质两相流建模及其对点源遮挡扩散的影响(X18092)

本书的出版还得到了东南大学出版社编辑魏晓平的大力协助。她为本书的顺利出版投入了大量的精力,在此一并表示衷心的感谢。

本书阐述的各类方法与关键算法为遥感数据缺失情境下的修复和插补提供了有效的技术支撑,并提出了一些初步的思路,希望能够抛砖引玉,引起各位专家学者的深入研究。由于学识和时间的限制,书中难免存在缺陷和错误,衷心希望得到各位专家和广大读者的批评指正。

刘 芳

2021 年 2 月 28 日于北京

目　　录

第1章 绪 论

1.1 研究背景与意义

早在 2 000 多年前,《淮南子·齐俗训》中对宇宙二字进行描述,"往古来今谓之宙,四方上下谓之宇",所谓宇宙就是时空,中国文化的一个突出特点,就是时空并重[1]。时空参照是对象的必备属性,是空间信息系统的建模基础,也是刻画多粒度空间对象信息完整度和丰度的必要保证。通过对时空概念的扩展与延拓,可以在空间信息系统中总结对象的演变进程和发展规律,对对象的发展规律和各类特征进行预测和分析,为人类趋利避害、提前做好规划和准备提供保障。

随着空间数据(spatial data)和地理空间技术(geospatial technologies)的发展,农业遥感学科获得长足的进步[2]。GIS、RS、Drones、GPS、LiDAR 等在识别营养缺乏、疾病、缺水或过剩、杂草侵扰、昆虫危害、冰雹危害、风害、除草剂破坏和植物种群变异等方面大显身手。例如,来自 RS 的信息可以制作成为化肥和农药精准施药过程中的底图。遥感图像出现之前,只能到现场诊断问题。而使用遥感技术之后,可以全天候、大尺度、长时期地监测关注区域诸多问题,如识别过度放牧区或杂草侵扰区、评估土地的价值波动。

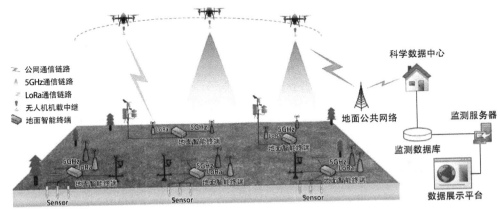

图 1-1 多种手段服务于农业:无人机、移动测量、遥感、机器人、物联网等

遥感数据能够如实记录来源于植被的反射光谱。如图 1-2 所示,当来自太阳的电磁能撞击植物时,根据能量的波长和各个植物的特征,能量将被反射、吸收或传输。反射的能量从叶子上反弹出来,人眼很容易将其识别为植物的绿色。植物看起来是绿色的,因为叶子中

遥感记录农情的机理

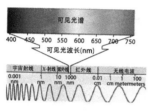
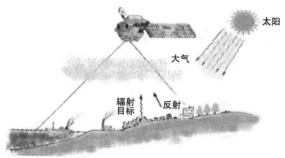

图1-2　遥感技术记录农情的机理[3]

的叶绿素吸收了可见波长中的许多能量，并且绿色被反射了。未反射或吸收的阳光通过树叶传播到地面。同理，植物与电磁波反射、吸收和传输之间的相互作用也可以通过遥感来检测。事实上，叶片颜色、质地、形状甚至叶片与植物的附着方式的差异决定了反射、吸收或传输多少能量。正是由于这些性质，反射能量、吸收能量和透射能量之间的关系可以用于确定各个植物的光谱特征，并且光谱特征是植物物种所独有的。图1-2解释了遥感各种能量波长下的反射率值来用于评估作物健康过程的机制。若采用归一化差异营养指标（mNDVI、MCARI1、NDCI)形式组织不同波长下的反射率值的函数用于确定植物活力，可以首先建立健康植物的光谱特征库，因为受胁迫植物的光谱特征似乎与健康植物有所不同。然后，大范围采集田间图像，图像上每个区域的 mNDVI 等指数的值有助于识别田间植物活力水平。有了这些信息，农民就可以确定不同管理区域的生产力。同时，还可以确定农场内不同区域的生长和产量模式。

　　然而，为特定的农情监测选择数据源时，要考虑多种因素，包括空间分辨率、光谱分辨率、辐射度分辨率和时间分辨率。当多源复合数据叠加时，可能面临在四个层面的不统一，此时需要在地理空间技术方面开展更丰富的工作。根据已有研究记录，可以使用各种 GIS 技术和工具轻松地将此数据集转换为反映农场中所有管理区域情况的空间数据。例如，基于特征图斑(patch)学习字典学习的自适应修复方法[4]可以用于遥感影像去云或云阴影，其思路是从无云区域的样本中学习特征字典然后通过稀疏表示来推断受云遮挡的部分。实验证明，该方法可以很好地保持填充结构的连续性和合成纹理的一致性，产生良好的平滑效果和边缘效果。这使得农情管理者有机会提前知情并做出有效的决定，以缓解当前存在的问题，从而提高农场的整体产量。

　　现阶段，根据未来多平台、多源、多系统的遥感数据特征，开发面向应用产品的遥感数据集成加工的技术软件，建立高效的遥感数据产品加工系统是难点与热点问题，也是多源异构数据处理、分析与预报工作的基础性问题。深入研究针对遥感数据缺失下的遥感影像预测模拟技术(image inpaint/image restore/image synthesis)，不仅能够深化遥感影像数字图像处理技术体系，而且还能推动遥感技术在农业土壤类型、pH、病虫害、营养供应、土壤水分、生育要求、天气预报、作物特征、灾害预警等相关方面的应用。

1.2 通用的卫星类型

1.2.1 遥感平台[5-6]

遥感有广义或狭义的定义之分。广义而言,是指各种非接触的、远距离的探测技术。狭义而言,是指不需与探测目标接触,运用现代化的运载工具和仪器,以一定距离获取目标物体的电磁波辐射特征[7]。带有传感器以捕获地球表面图像的运载平台称为遥感平台,遥感平台涉及人造卫星、航天器(包括航天飞机)、飞机、近太空飞行器和各种地面平台所携带的光电设备[5-6]。它们各有优势,卫星可以在规定的时间段内连续观测整个地球或地球的指定部分,通常部署在该平台上的传感器包括胶片和数码相机、光检测和测距系统、合成孔径雷达系统以及多光谱和高光谱扫描仪。飞机由于机动灵活,通常具有一定的优势,其可以部署在天气条件有利的任何地方。还有许多仪器也可以安装在陆上平台上,例如货车、卡车、拖拉机和坦克。将来,月球还将成为理想的遥感平台。

1.2.2 遥感传感器

遥感传感器有几种类型:摄影传感器、扫描成像传感器、雷达成像传感器和非成像传感器,它们各有优势。摄影传感器像数码相机一样工作。扫描成像传感器通过以时间顺序逐点和逐行扫描来捕获二维图像。雷达成像传感器是一种主动传感器,可发射电磁波以形成侧面轮廓。非成像传感器是以数据、曲线等形式记录标物反射或发射的电磁辐射的各种物理参数,如使用红外辐射温度计、微波辐射计、激光测高仪等进行观测。以上这些遥感传感器已被广泛使用。

在地球观测的早期阶段,传统的基于胶片的成像设备、返回光束光导管摄像机和光学扫描仪是用于地球观测的主要设备。从这些设备获得的图像主要是关于地球表面和云层的彩色和黑白表示图像,覆盖可见光和近红外范围。在 1972 年发射了第一颗陆地观测卫星 Landsat-1 之后,新的多光谱扫描仪(MSS)携带了发送的数据,并以数字时间序列阵列的形式对其进行了处理。这标志着数字图像处理发展的进步。

与光学传感器相比,SAR 可以在各种天气条件下工作,并且可以穿透某些地面物体。与仅接收反射的太阳光或红外辐射的无源传感器系统相比,雷达系统可以充当有源传感器并自行发射电磁波。雷达传感器将能量脉冲发送到地球表面,部分能量被反射并形成返回信号。返回信号的强度取决于地球表面的粗糙度和潮湿度以及表面物体对雷达发送的波的倾斜度。

1.2.3 遥感卫星的发展

地球观测卫星已经经历了五代(图 1-3)[8]。
1) 第一代开始对太空进行地球观测:1960 年—1972 年
Corona、Argon 和 Lanyard 是早期三个成像卫星观测系统。从这些卫星获得的数据被用于进行详细的地面侦察和区域制图。在早期，卫星图像是通过将数百张甚至数千张照片（其中大多数是黑白照片）与少量彩色照片或三维图像组合而成的，这些图像覆盖了地球的大部分区域。例如，使用 KH-5 摄像机获得的图像以 140 m 的像素分辨率覆盖了地球的大部分表面。但是，这些图像并未像后来使用 Landsat 获得的数据那样形成系统的观测结果。

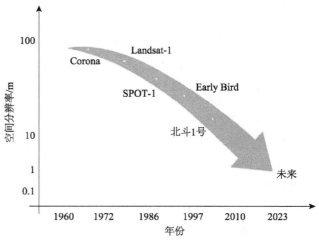

图 1-3　地球观测卫星发展趋势

2）第二代实验性和试验性应用：1972 年—1986 年

Landsat-1 于 1972 年 7 月 23 日发射升空，这标志着用现代卫星进行地球观测的开始。它为国际科学组织提供了一个新颖的高分辨率地球图像数据库，从而使对地球资源的进一步探索成为可能。Landsat-1 载有 MSS，它接收了四个波段，波长从 0.5 到 1.1 μm，空间分辨率为 80 m，帧宽为 185 km，重访周期为 18 d。值得注意的是，Landsat-1 首次以数字形式传输数据。多光谱处理在 1970 年代奠定了基础，参与该领域的组织包括美国国家航空航天局（NASA）、喷气推进实验室（JPL）、美国地质调查局（USGS）、密歇根州环境研究所（ERIM）和遥感应用实验室（LARS）。十年后，随着 Landsat TM 在 1982 年—1984 年间出现，Landsat 容纳了另外四个 MSS 波段，其空间分辨率为 30 m，覆盖了七个光谱带。此后不久，著名的 SPOT 高分辨率可见光成像系统（High Resolution Visible Imaging System，HRV）于 1986 年启动，全色波段的空间分辨率为 10 m，其他三个多光谱波段的空间分辨率为 30 m。

3）第三代广泛应用：1986 年—1997 年

1986 年以后，卫星地球观测技术和应用发展迅速。SPOT-1 于 1986 年 2 月 22 日发射，搭载了高分辨率的视觉传感器，它首次使用推扫式线性阵列传感器，也是第一个能够进行跨轨三维观测的卫星系统。后来，欧洲航天局于 1991 年 7 月 17 日发射了 ERS-1。ERS-1 是一枚活跃的微波卫星，提供了 30 m 空间分辨率的图像。日本于 1992 年 2 月发射了带有 L 波段 SAR 的 JERS-1，从而增强了 SAR 的整体观测能力。这些有源微波传感器提供的数据在增强对环境和气候现象的观察和理解方面发挥了重要作用，并支持了海冰的分类和沿海地区的研究。

4）第四代高分辨率和高光谱成像：1997 年—2010 年

这一代卫星包括仍在逐渐成熟的具有最先进技术的最新一代地球观测卫星。其主要特征是：空间分辨率为 1 m 或更小，覆盖 200 个波段，波长范围从 0.4～2.5 μm，光谱分辨率为 10 nm，重访周期少于 3 d，具有多角度和三维观察能力，以及使用 GPS 进行精确的空间定位。高分辨率成像的主要优势在于，它可以识别建筑物、道路和现代建筑以及进行变化检测。高分辨率图像产品主要用于 GIS 和专题地图中。

在此阶段,焦点主要集中在空间和时间分辨率、光谱覆盖范围、轨道高度、重访能力、制图带宽、图像尺寸、三维观测能力、成像模型、数据存储和卫星市场需求上。

5) 第五代卫星产业化发展:2010 年—2024 年

太空和卫星代表了一系列全球性行业。政府大量投资太空形成"太空产业和太空经济",涉及太空劳动力、太空基础设施、太空产品和服务等领域。这一行业融入民用资本,诞生了更多的空间技术转让和产品,更多的太空服务让人类更安全、更舒适、更便利。以美国为例,美国每年的太空支出占总支出的 43%,NASA 对太空发射系统(SLS)及其上下游链条投资呈现不断增长趋势,分为探索技术(6.87 亿美元)、深空探索系统(49 亿美元)和勘探系统开发(39 亿美元)三个项目。从 2017 年到 2018 年,这三个订单项均增长了 10% 以上。行业咨询服务公司 Shaping Tomorrow 在 2017 年对未来太空发展事件进行了预测(表 1-1)。

6) 第六代加速太空互联网竞赛:2024 年—2036 年

下一代地球观测卫星有望变得高度智能,并集成地球观测传感器、数据处理设备和通信系统,地球的全球勘测和实时环境分析将成为可能。从用户规模来看,更多的专家和临时用户将参与遥感、摄影测量和 GIS,并且数据反演产品也将更频繁地更新。从产品的智能化势头来看,数据直接被处理为信息,使临时用户免于了解参与复杂数据处理的麻烦,图像提供商将提供直接满足各种需求的成熟成像产品。行业咨询服务公司 Shaping Tomorrow 预测了在未来十年左右的时间内,将有 100 颗大型卫星和约 2 000 颗微型和纳米卫星进入地球轨道,为新兴的航天工业会带来机遇和挑战。

表 1-1　未来太空发展事件[9]

领域名称	各领域的事件
空间应用	● SpaceX 第二次将 Falcon 9 火箭发射到太空,并将搭载的商业卫星推送到轨道上 ● 使空客工程师能够控制升轨操作的地面站网络将遍布世界各地 ● 波音公司的第九颗 SATCOM 卫星已发射入轨,它将为美国和六个盟国提供更强大的通信服务 ● 阿丽亚娜太空公司使用阿丽亚娜 5 号火箭,将两枚商业电信卫星从太空港的 ELA - 3 发射区送入轨道 ● 中国本土的北斗导航卫星系统将把足迹扩展到斯里兰卡 ● 伽利略卫星导航系统将在 2020 年全面运行,总共有 24 颗卫星 ● 到 2030 年,英国将有 100 000 个与太空部门相关的工作
对地观测	● 随着出行方式从驾驶员操作型变为自动驾驶型,卫星将发挥至关重要的作用 ● 未来的卫星将继续深入海洋和大气的探测 ● 预计将有 370 颗小卫星部署到低轨道或中轨道,以进行通信和对地观测服务,这将在未来十年内创造平均每年 16 亿美元的市场 ● 扩大后的卫星群每天将向遍布地球的 30 多个接收站发送超过 3 TB 的数据 ● 英国航天企业将从英国航天局提供的 7 000 万英镑资金中受益,以开发卫星项目来解决发展中国家的洪水、干旱和森林砍伐等问题 ● 一项采用了新的卫星技术(称为"史达琳")的系统(由"森林信托基金会"和"空中客车防御与太空"设计),使用雷达和高分辨率图像来确保种植园遵守暂停森林砍伐的规定,并将由威尔玛、雀巢、费列罗等公司采用

(续表)

领域名称	各领域的事件
对地观测	● 高科技卫星数据和色彩鲜艳的卡通漫画技术的混合,帮助玻利维亚北部亚马孙河附近的农民减少因失控大火带来的损失 ● 德国慕尼黑保险公司利用地理空间信息系统和卫星数据来准确计算与野火有关的成本和风险,并预测未来发生野火的可能性 ● 一个精确到 2~10 cm 的新的空间定位系统,将在未来 20 年内为澳大利亚经济带来 730 亿澳元甚至更多的增长 ● 澳大利亚在空间定位系统上的投资不仅使之获得更高的农业出口额,还将为数字农业创造出口商机和新的就业机会 ● 六套 Sentinel-1 卫星构成欧盟哥白尼环境监测网络的核心
各国竞争	● 从现在到 2025 年,对卫星数据的总体需求将以每年 30% 的速度增长 ● 未来 20 年内,小型卫星新发射技术的全球市场价值将达到 250 亿英镑 ● 波音公司将在未来五年内支持 GPS IIA 和 IIF 卫星在轨运行 ● 太空咨询公司 Euroconsult 预计,从 2016 年到 2025 年,将有 40 家商业公司发射总共 560 颗卫星 ● 2017 年,蜂窝和卫星连接的收入将超过 1.38 亿美元
互联网融入	● 世界各国低地球轨道发送 4 500 颗卫星,以实现全球互联网的无缝接入 ● NASA-Isro 合成孔径雷达卫星,L 波段和 S 波段双卫星预计将在不久的将来面世 ● SpaceX 将全面部署 1 600 颗卫星,已在美国提供互联网接入
典型事件	● SpaceX 正在持续研发一类可以修复在轨卫星的新型航天器 ● 雷神公司目前正在开发"战斧"导弹的更新版,该导弹可以与地面物体进行双向卫星通信 ● 未来的卫星在组装和扩充方面可能会更加模块化 ● IceCube 为未来的卫星测量云和气溶胶研发新的技术 ● 巴西航空航天研究所 IAE 正在开发可以将微卫星送入低轨道的火箭技术 ● 智能机器人时代的到来催生了数以万计的太空机器人,迅速推进了月球系统和近地小行星等太空市场拓展 ● 印度成功将第 104 颗卫星送入轨道

1.2.4 遥感卫星的分类及统计

自 1970 年代起,截至 2020 年,全球共有 3 372 个卫星在轨运行[10],卫星是服务于人类的,由此卫星衍生出多种用途,常见的类型包括军事和民用地球观测卫星、通信卫星、导航卫星、气象卫星和太空望远镜[11-13]。此外,太空中的空间站和人类航天器也是卫星。按照不同类目分类如表 1-2 所示。

表 1-2　遥感卫星的分类列表[14]

卫星分类类型	具体内容
按地区	● 北美(美国、加拿大和墨西哥) ● 欧洲(德国、法国、英国、俄罗斯和意大利) ● 亚太地区(中国、日本、韩国、印度和东南亚各国) ● 南美(巴西、阿根廷、哥伦比亚等) ● 中东和非洲(沙特阿拉伯、阿联酋、埃及、尼日利亚和南非)

（续表）

卫星分类类型	具体内容		
按卫星的 资助来源	● 民间 ● 政府	● 商业卫星 ● 军用	
按应用细分 的市场	● 商业通信 ● 导航 ● 气象	● 地球观测 ● 军事监视 ● 非营利传输	● 研发 ● 科学
按卫星 体积大小	● 大型卫星	● 小型卫星 　○ 迷你卫星 　○ 微卫星 　○ 纳米卫星 　○ 微型卫星 　○ 毫微型卫星 　○ 其他类型	
按制造业 上下游关系	● 卫星服务 ● 运载火箭	● 卫星制造 ● 地面设备	
按卫星的 组群数量	● 自行运行	● 卫星编队	● 卫星星座
按倾角分类	● 倾斜轨道① ● 极地太阳同步轨道③	● 极地轨道②	
按轨道海拔	● 低地球轨道 　○ 低地球轨道(LEO)④ 　○ 中地球轨道(MEO)⑤ 　○ 高地球轨道(HEO)⑥ ● 极地轨道⑦ ● 对地静止轨道⑧ ● GEO 转移轨道(GTO)⑨		
按任务类型	● 星座任务	● 安装任务	● 更换任务

① 倾斜轨道:相对于赤道平面的倾斜度不为 0°的轨道。

② 极地轨道:每次旋转都经过或高于行星两极的轨道。因此,它具有 90°的倾斜度(或非常接近)。

③ 极地太阳同步轨道:利用节点进动的近极轨道,这样轨道中的卫星每次经过都会在相同的本地时间经过赤道。它们可以全年连续观察太阳。

④ 低地球轨道(LEO):低地球轨道(LEO)通常被认为是介于距地球表面 200 km 和 2 000 km 之间。

⑤ 中地球轨道(MEO):中地球轨道(MEO)是围绕地球的空间区域高于 LEO(2 000 km)且低于地球同步轨道(35 786 km)。MEO 的轨道周期(一个轨道的时间)卫星的时间大约为 2～12 h。

⑥ 高地球轨道(HEO):高于 35 786 km 的轨道。高地球轨道(HEO)的特点是经过低空近地点(最靠近地球的轨道点)和极高的远地点(距离最远的地球轨道点)。该轨道在地球表面上某个点的停留时间较长;同一地面点的轨道上远点与近点位置的时长超过 12 h。

⑦ 极地轨道:"极地轨道"是指接近极倾角(80°～90°),海拔为 700 km 至 800 km 的轨道。许多极地轨道飞行器位于太阳同步轨道(SSO)中,卫星每天在同一时间经过赤道或某个纬度。

⑧ 对地静止轨道(GEO):在距地面约 35 786 km 处的区域。在这个高度,轨道周期等于地球自转周期。与地球以相同的速度绕行,特别适用于监视大暴风雨和热带气旋。

⑨ GEO 转移轨道(GTO):是地球的椭圆轨道,经过 LEO 地区近地点与 GEO 地区远地点。轨道的周期等于一个恒星日,与地球的自转周期一致,速度约为 3 000 m/s。

（续表）

卫星分类类型	具体内容		
按分辨率类型	● 甚高分辨率:0.5～4.9 m ● 高分辨率:5.0～9.9 m ● 中分辨率:10.0～39.9 m ● 中低分辨率:40～249.9 m ● 低分辨率:250 m～1.5 km		
按应用	● 物联网/ M2M 机器对机器 ● 军事情报 ● 其他应用	● 通信 ● 科学研究与探索	● 地球观测与气象 ● 天气
投资者类型	● 政府/基金会 ● 传统投资 ● 其他投资类型	● 公共/私人 ● 战略/私募股权	● 众筹 ● 风险投资

每颗卫星的物理参数和在轨状态在 Space Foundation 集团出版的 *The Space Report* 中每年都有详细的记载,这里节选部分卫星的部分参数进行展示(表 1-3)。

1.3 遥感数据应急机制研究现状

1.3.1 遥感数据的共享机制

对地观测技术是国家重要的战略高新技术,对地观测所获取的大量遥感数据是国家基础性和战略性空间信息资源,在国土资源调查、农作物估产、森林资源普查、基础测绘、城市规划、重大灾害与环境事件评估等方面有着广泛应用,并在政府科学决策与管理、全球与重点地区监测等方面发挥了重要作用。遥感数据集成与共享呈现出资源整合全球化、资源管理系统化、地面设施现代化、技术规范标准化、共享服务信息化等发展趋势,区域之间、国家之间大规模的联合与共享体系正在逐步形成[15-18]。

1.3.1.1 国际遥感数据集成与共享研究发展状况

1) 参与空间数据共享的组织机构

在区域层面,美国在国际遥感数据共享事业方面首屈一指。美国国家航空航天局(National Aeronautics and Space Administration, NASA)是目前世界上最权威的航空航天科研机构,通过其下设分布式动态数据中心,与许多国内及国际上的科研机构分享其研究数据。美国国家海洋与大气管理局(National Oceanic and Atmospheric Administration, NOAA)在监测和预测地球环境的变化、维护和管理海洋和沿海资源上发挥重要的作用。它提供了覆盖全球的 AVHRR,并且在线免费发布其产品的数据。美国地质调查局(United States Geological Survey, USGS)负责对自然灾害、地质、矿产资源、地理与环境、野生动植物信息等方面进行科研、监测、收集、分析,对自然资源进行全国范围的长期监测和评估,为决策部门和公众提供广泛、高质量、及时的科学信息。它提供多种比例尺(1：250 000,

表1-3 截至2020年每颗卫星物理参数及在轨状态列表(节选)

名称	国家/地区	用途	应用	轨道高度	GEO经度(°)	近地点(km)	远地点(km)	偏心率	倾角(°)	持续时间(min)	发射质量(kg)	自重(kg)	功率(W)	发射日期	预期寿命(年)
Aalto-1	芬兰	民用	科技研发	LEO	0.00	497	517	1.45E-03	97.45	94.7	5		4.5	2017/6/23	2
AAUSat-4	丹麦	民用	对地观测	LEO	0.00	442	687	1.77E-02	98.20	95.9	1			2016/4/25	
ABS-7 (Koreasat 3, Mugungwha 3)	韩国	商用	通信	GEO	116.18	35 780	35 791	1.30E-04	0.01	1 436.06	3 500	1 800	4 800	1999/9/4	15
Advanced Orion 2 (Mentor, NROL 6, USA 139)	美国	军用	对地观测	GEO	-26.00	35 560	36 013	5.37E-03	7.72	1 436.14	4 500			1998/5/9	
AEHF-4 (Advanced Extremely High Frequency satellite-4, USA 288)	美国	军用	通信	GEO	150.20	35 781	35 790	1.07E-04	0.05	1 436.1	6 169			2018/10/17	
Aeolus	欧洲太空总署	政府	对地观测	LEO	0.00	314	317	2.24E-04	96.70	92.4	1 367			2018/8/22	3
AeroCube 10A (Jimsat)	美国	商用	科技研发	LEO	0.00	469	481	8.77E-04	51.60	94.15	2			2019/8/9	
AeroCube 11A (TOMSat Eagle Scout)	多国家地区联合(NR)	商用	科技研发	LEO	0.00	495	511	1.16E-03	85.03	94.6	4			2018/12/17	
Afghansat-1 [Eutelsat 48D (Eutelsat 48B, Eutelsat W2M)]	法国	商用	通信	GEO	48.00	35 764	35 808	5.22E-04	0.12	1 436.08	3 460	1 555	7 000	2008/12/20	15
Beidou 2-18 (Compass G-7)	中国	军用/政府	导航/全球定位	GEO	144.00	35 776	35 794	2.13E-04	1.84	1 436.1	3 800			2016/6/12	8
AmGu-1 (AmurSat-1)	俄罗斯	民用	空间科学	LEO	0.00	514	547	2.39E-03	97.50	95.2	4			2019/7/5	

（续表）

名称	国家/地区	用途	应用	轨道高度	GEO经度(°)	近地点(km)	远地点(km)	偏心率	倾角(°)	持续时间(min)	发射质量(kg)	自重(kg)	功率(W)	发射日期	预期寿命(年)
OneWeb-0046	英国	商用	通信	LEO	0.00	488	528	2.91E-03	87.40	94.7	148			2020/3/21	5
AIM (Aeronomy of Ice in Mesosphere)	美国	政府	对地观测	LEO	0.00	544	552	5.78E-04	97.90	96.2	215	197	216	2007/4/25	2
AISat-1	德国	政府	通信	LEO	0.00	643	660	1.21E-03	98.25	97.76	14			2014/6/30	
AISSat-1 (Automatic Identification System Satellite-1)	挪威	政府	通信	LEO	0.00	615	632	1.22E-03	98.00	97.2	6			2010/7/12	3
AIST-1	俄罗斯	商用/民用	科技研发	LEO	0.00	599	626	1.93E-03	82.40	96.9				2013/12/28	
AIST-2	俄罗斯	商用/民用	科技研发	LEO	0.00	558	582	1.73E-03	64.88	96.06	53			2013/4/19	3
AIST-2D	俄罗斯	商用/民用	科技研发	LEO	0.00	471	486	1.10E-03	97.28	94.18	531			2016/4/27	
Al Yah-3	巴西	商用	通信	GEO	-20.00	35 777	35 796	2.25E-04	0.00	1436	3 795			2018/1/25	15
Alcomsat (Algeria's Communications Satellite)	阿尔及利亚	政府	通信	GEO	-24.80	35 744	35 798	6.41E-04	0.04	1 436.1	5 225			2017/12/10	15
Astra 1D	卢森堡	商用	通信	GEO	67.70	35 776	35 795	2.25E-04	1.15	1 436.08	2 924	1 700	3 300	1994/11/1	15
ViaSat-2	英国	商用	通信	GEO	-69.90	35 785	35 787	2.37E-05	0.00	1 436.1	6 418			2017/6/1	14
WNISat-1R (Weather News Inc, Satellite 1R)	日本	商用	对地观测	LEO	0.00	586	606	1.44E-03	97.60	96.6	43			2017/7/14	
Yahsat-1A (Y1A)	阿拉伯联合酋长国	军用/商用	通信	GEO	52.50	35 743	35 823	9.49E-04	0.04	1 435.92	5 953			2011/4/22	15
Ziyuan 3-3	多国家地区联合(NR)	政府	对地观测	LEO	0.00	487	499	8.74E-04	97.50	94.5	2 630			2020/7/25	

1 : 24 000)数字高程、不同类型卫星数据的共享和下载服务,特别是其下设的地球资源观测与科学中心(Earth Resources Observation and Science Center,EROSC)长期免费发布全球最大的地球陆地表面遥感图像集合以及 Landsat 卫星图像和数据产品。

欧盟所形成的区域级遥感数据合作体系也体现了其重要的国际影响力。欧洲委员会(European Commission)、欧洲空间局(European Space Agency)、欧洲气象卫星开发组织(European Organisation for the Exploitation of Meteorological Satellites)和法国国家空间研究中心(The National Centre for Space Studies)等,共同在多种遥感数据采集、加工处理和分发使用方面体现了积极的空间信息资源共享使命感。例如,欧洲空间局的地球观测数据政策计划中,数据集分为两类:免费数据集和受限制的数据集。无论是哪一种数据类型,只要是注册或者是提交项目建议书后,全球科学界可以最大限度地免费获得这些对地观测数据[19]。又如,哥白尼计划(Copernicus Programme)是 2003 年正式启动的一项全球环境与安全重大航天发展计划,由欧洲委员会和欧洲太空总署联合倡议,其主要目标是通过对欧洲及非洲国家现有和未来发射卫星及现场观测的作业协调管理和集成,实现对地球环境与安全的实时动态监测,包括 Sentinel - 1 至 Sentinel - 6 数据集的免费使用[20-21]。

在东南亚,印度、巴西和泰国设立了专门负责空间技术发展和信息管理的国家机构,在统一规划的前提下,加强空间信息在科技发展中的应用,积极倡导空间信息资源的充分共享。

国际范围内,全球对地观测组织(Group on Earth Observations,GEO)是由 100 多个国家政府和 100 多个参与组织组成的伙伴关系,从地球的政策声明和法律文书方面总体约定协调各国太空发展进程和协调机制,从 2002 年至今一直为国际提供持续的地球观测和总体战略研究。GEO 在《全球综合对地观测系统十年实施计划》中声明"希望通过全球的、全面的、整合的和持续的努力,充分集成世界大部分的遥感数据和产品",还在 *2020—2022 GEO Work Programme* 明确约定了各项数据集、系统平台和服务属于国际共享[22,23]。联合国全球地理空间信息管理专家委员会(UN-GGIM)倡议协调区域与全球管理矛盾,解决地理空间数据调用的紧张关系,保证地理空间数据的质量,统一地理空间数据信息管理,并且要求公共资金的精准调用。

数据共享的主要障碍来自各国/地区的政策与法律限制,原因是各国/地区需要顾及国家安全与国防目的;此外,由于卫星业务需要耗费大量的资金和人力,还涉及不同业务部分的利益。这些都是制约空间数据共享的瓶颈问题。

2)部分共享数据源

在国际范围内,有大量不同类型的地球科学数据,包括遥感卫星、航天飞机、野外测量以及其他测量手段所获得的数据。其中,免费现势遥感卫星影像和历史遥感卫星影像主要来自:Aqua、Terra、ENVISAT、GOES、NOAA、METEOSAT、Suomi-NPP、Nimbus、CALIPSO、Landsat 等卫星,此外还包含免费 GIS 数据。这些数据用来研究大气、环境、海洋、土地覆盖、植被、冰覆盖和地形。下面列举常见的 20 种可以免费下载的数据源,对其获取方式、数据类型、发布者作逐一说明(表 1-4)。

表1-4 可供免费下载的国际空间数据清单[20, 24]

序号	数据库名称	包括数据类型	发布方	是否免费	说明
1	USGS Earth Explorer	Landsat、MODISTerra 和 Aqua、ASTER、Resourcesat-1/2、Sentinel-2、IKONOS-2、OrbView-3、SPOT 等	美国地质调查局	可免费预览和下载	可以访问、预览和免费订购
2	Land Viewer	Landsat-4/5/7/8、Sentinel-1/2、CBERS-4、MODIS、NAIP、航空数据、SPOT-5/7、Pleiades-1、Kompsat-2/3/3A、SuperView-1 等	EOSDA	可免费预览和下载	数据类型多,数据量大。可以访问、预览、分析和免费订购
3	Copernicus Open Access Hub	Sentinel-1/2/3 等	ESA	可免费预览和下载	数据量少
4	Sentinel Hub	EO Browser:Sentinel-1/2、Landsat-5/7/8、MODIS、Envisat Meris、Proba-V、GIBS;Sentinel Playground:Sentinel-2、Landsat-8、MODIS、DEM 等	Sinergise Inc.	可免费预览和下载	通过其两项服务 EO Browser 和 Sentinel Playground 可以访问各种开源遥感卫星影像
5	NASA Earthdata Search	Aqua、Terra、ENVISAT、GOES、NOAA、METEOSAT、Suomi-NPP、Nimbus、CALIPSO、Landsat 等卫星数据,免费 GIS 数据	NASA	可免费预览和下载	数据类型包括地球观测系统数据和信息系统多种数据集合,数据量大
6	Remote Pixel	Landsat-8、Sentinel-2、CBERS-4 等	Remote Pixel Inc.	无法免费下载	登录就可以访问,数据源少
7	Image Catalog (INPE)	CBERS-4、MODIS、Landsat-8、ResourceSat、Suomi-NPP、DEIMOS、UK-DMC2、CBERS-2、Landsat-1/2/3/5/7 等	巴西国家太空研究所	电子邮件地址的FTP链接进行免费下载	包含近十个遥感卫星影像集,用于土地覆盖、植被、水资源监测以及气象观测。数据量大,区域性强
8	Google Earth	Landsat-8、飞机、无人机、风筝和热气球等	Keyhole Inc.	电子邮件获取免费密钥	时间跨度大,数据空间分辨率高。该软件可在 Windows、Linux、FreeBSD、Android、IOS 上运行
9	NOAA Data Access Viewer	NOAA、NAIP、C-CAP、UCGS、SEWPRC、FEMA、MN DNR	NOAA	可免费预览和下载	数据类型有光学影像、土地覆盖、高程/激光雷达三种
10	NOAA Class	POES 和 GOES(极轨运行环境卫星和地球静止运行环境卫星)全球导航卫星系统、国防气象卫星计划、Radarsat 等	NOAA	可免费预览和下载	地球环境的数据。可以访问、预览、分析和免费订购

序号	数据库名称	包括数据类型	发布方	是否免费	说明
11	Digital Coast (NOAA)	（2 816 个数据集）按类型分为海拔、土地覆盖、图像和激光雷达、天气和气候、经济和人口数据、渔业和海洋研究、水质、基础设施等	NOAA	可免费预览和下载	数据量大，用户可以通过 Data Access Viewer 或 Marine Cadastre. gov National Viewer 浏览。有 72 个分析工具，可以进行可视化、分析、报告
12	Earth on AWS	（80 种不同格式数据集）Sentinel-2、Landsat-8、NEXRAD、GOES-16/17、CBERS 等	AWS	选择后可免费下载	数据量大。可以访问、预览、分析和免费订购
13	Zoom Earth	NOAA GOES、JMA Himawari-8、EUMETSAT Meteosat、GIBS、Suomi-NPP、MODIS 等	Zoom Earth Inc.	无法免费下载，但允许共享到 Facebook	提供了自然灾害的空间数据，如天气、风暴、火灾
14	Open Data Program (MAXAR)	Maxar	Maxar Inc.	选择后可免费下载	提供了自然灾害的空间数据，如飓风、台风、野火、洪水、爆炸、地震等
15	NASA Worldview	MODIS、EOS LANCE、EOSDIS DAAC、NOAA	NASA	注册可免费下载数据	允许近实时（在检索 3 h 后）交互式浏览全球有关灾害管理（火灾、洪水）和空气质量的信息
16	ALOS World 3D(JAXA)	ALOS	日本航空航天局	注册可免费下载数据	地球表面的数字模型。可以访问、预览和免费订购
17	VITO Earth Observation	Proba-V、Spot-vegetation、Sentinel-2、Metor-AVHRR、Envisat-Meris 等	VITO Inc.	注册下载少量数据，通过电子邮件获取链接批量下载	可以访问、预览、分析和免费订购
18	Global Land Cover Facility	Landsat-4/5/7	美国马里兰大学	通过 FTP 客户端免费下载，通过地球科学数据接口（ESDI）检索	数据量大。可以访问、预览、分析和免费订购
19	UNAVCO	GPS/GNSS、SAR、TLS、Lidar / SFM 等	美国科罗拉多大学及政府	通过电子邮件请求获得免费数据	数据类型较窄（地震和对流层数据）

（续表）

序号	数据库名称	包括数据类型	发布方	是否免费	说明
20	BHUVAN Indian Geo-Platform of ISRO	IMS、Oceansat、Cartosat、Resourcesat 等	印度空间研究组织和国家遥感中心共同运营	可免费下载，需要注册	数据区域性强（覆盖印度），只有 NDVI 覆盖全球。数据类型包括：土地和地形、海洋和自然、土地和植被。可以访问、预览、分析和免费订购

1.3.1.2　国内遥感数据集成与共享研究发展状况[25]

经过 40 多年的努力，我国在轨对地观测卫星数量已达到 100 余颗，基本形成了"风云""海洋""资源""环境减灾""天绘"等系列的遥感卫星，"吉林一号""高景一号""北京一号/二号"等各具特色的商业遥感卫星发展迅猛，初步实现了不同分辨率自主遥感卫星数据的接收、处理和分发服务能力，为陆地、大气、海洋等灾害系统综合观测提供了有效的数据保障。

在数据共享平台方面，我国政府还以资源一号 02B 卫星加入了联合国《空间与重大灾害国际宪章》机制。

我国地域广阔，自然环境复杂多样，并且正面临着严重的生态与环境危机。充分利用已有的各种遥感数据，挖掘其中的潜力，对解决我国所面临的资源与环境问题将有极大的帮助，同时也有助于最大限度地发挥对地观测技术投资的社会效益。

1.3.2　遥感数据供需矛盾

1.3.2.1　遥感数据在应对突发事件上仍存在相对不足的矛盾

世界范围内遥感数据的共享保障机制很大程度上缓解了突发事件、常规动态监测、重大灾害的灾情预警和防控，但是不同应用目的对数据的观测能力、空间颗粒度和时间频次需求不同，由此造成数据资源在需求方面相对不足的矛盾[26, 27]。

对于突发事件与重大灾害而言，遥感卫星数据种类仍然不能完全满足需求。我国灾害种类多样、灾害监测对象各异以及灾害管理阶段差异，对遥感卫星数据的类型和技术指标都提出了不同的要求[26]。从观测谱段看，可见光、近红外、短波红外至热红外谱段对各类灾害的探测均有一定的应用能力和潜力，对农业灾害、地质灾害等精细辨识还需要发展多颗纳米级的高光谱卫星；而不同波段、极化方式的微波遥感卫星则是灾害全天候监测不可或缺的重要探测手段。从空间分辨率角度看，大尺度干旱、洪涝灾害需要大幅宽、中低分辨率遥感观测能力，而对于由地震、滑坡、泥石流等灾害引起的房屋、道路等承灾体损毁，需要米级甚至亚米级的空间辨识能力进行精细化评估。从观测频次角度看，灾害发生发展受大气、地理环境、地质条件等因素影响，干旱等缓发性灾害的变化较慢，对灾害重访观测时间要求不高，可以天、旬等为单位进行观测；而台风、森林草原火灾等灾害发展变化很快，观测时间间隔需要达到小时甚至分钟级。不同频段、极化方式和成像模式的微波遥感卫星是全天候获取灾害信息不可或缺的重要手段；激光雷达、差分干涉 SAR 卫星数据对于开展地质灾害风险监测、灾害损失评估等有积极作用。甚至近年来发展的视频卫星数据、夜光/微光遥感数据在防灾减灾中也有应用潜力。因此,需要多平台、多载荷、多分辨率相结合,通过高低轨、中高分辨率卫星组网提高灾害综合观测、高分辨率观测和应急观测能力。

地理空间数据类型卫星图像时间序列(Satellite Image Time Series, SITS)是指一系列连贯但有间隔的数据集。随着人们对 SITS 的日益关注,插补 SITS 变得越来越重要。通过识别、监视和分析动态和精确的时空结构(例如城市),卫星图像时间序列可以提取复杂地物的转型和进化过程。这些技术自动发现事物的规律性、事物间的关系,使人们更好、更轻松地了解潜在流程导致检测到的变化机制[28]。然而,SITS 涉及的应用广泛,各种应用下对空间数据的时间要求也不同。山区沟壑的动态过程监测、冰川位移测量、沿海形态变化、岛屿演化监测、沿海地区和水线演变需要以较长时间(年)做渐进式监测;农田/森林/湿地监测、生态系统的健康分析需要以季节为基本单位做季相监测;灾害后的城市监测(地震、滑坡、泥石流、台风、海啸)识别需要在短时间区分突然的变化(在短时间内,即几天或几周),如传染病传播过程诊断;矿区沉降监测需要开展大比例尺的高频监测。

目前,国内在轨中分辨率遥感卫星重访时间一般在 1~7 d,高时效的遥感卫星少。2003年,环境减灾卫星由国务院批准立项,由 HJ-1A、HJ-1B 2 颗中分辨率光学小卫星和 1 颗合成孔径雷达小卫星 HJ-1C 组成(HJ-1 星座),并最终形成由 4 颗光学小卫星和 4 颗合成孔径雷达小卫星组成的"4+4"星座,形成全球优于 12 h 的高时效重复观测能力。在此基础上,进一步发展多颗高轨遥感卫星,将全球化视野的灾害应急响应能力提高到分钟级。尽管中国已发射多颗优于 5 m 的高分辨率遥感卫星,但亚米级卫星和优于 1 d 的快速响应型卫星还极度匮乏,可发展多颗机动灵活的高分辨率敏捷成像遥感卫星来弥补不足。

由此可见,由于中国灾害种类多样,不同监测频率、不同监测要素以及管理服务目标的分阶段存在差异,遥感空间基础设施的技术性指标和数量仍然无法满足需求。

1.3.2.2　加强遥感数据综合处理和深加工技术研究与系统建设

针对灾害系统理论各要素,民政部门结合现有的灾害管理业务流程,借鉴国内外遥感领域和灾害管理领域相关标准,正在开展灾害遥感基本术语、产品分类分级等基础性、全局性的灾害遥感标准制定工作,力图建立灾害遥感统一的顶层设计和体系框架,推动建立全面、协调、系统、开放的标准体系。同时,进一步推动灾害遥感标准的国际化进程,加速同国际相关标准体系的集成与衔接,提高中国在灾害遥感标准领域的国际影响力。

现代网络技术的发展为遥感数据集成与共享提供了先进的技术支持,但也引发了许多新的问题,共享机制安全是其中的关键问题之一。需要研究通过对数据采集、录入、存储、加工、传递等数据流动的各个环节的安全保障,严格有效地制约用户对计算机的非法访问,防范非法用户的侵入;也需要研究同时保障数据保密与数据共享技术方法和运行机制,特别是要研究平台实体安全、运行安全、物理隔离技术、防火墙技术、加密技术、入侵检测技术、反病毒技术在共享平台中的运用方法;还需要研究在确保数据安全的条件下数据共享效益最大化的机制。

卫星遥感在应急管理中取得显著成效的同时,受多方面因素的影响,实际应用中还存在诸多问题,突出表现在以下三个方面[25]:

一是缺乏卫星资源统筹调度,遥感数据存在冗余重复现象。由于遥感卫星资源及配套地面系统分布在不同的机构,针对重大灾害应急任务,卫星观测规划的协调机制尚未有效形成,导致卫星成像在时间上不衔接、空间上不统筹,造成灾区遥感卫星数据存在"既多又少"的问题。一方面在空间上重点关注的区域遥感数据大量冗余、过度集中,而其他灾区有效覆盖数据较少,难以有效获取全覆盖的灾区遥感数据;另一方面在时相上卫星连续协同监测还不够,定期获取的灾区动态监测遥感数据还存在不足。

二是缺乏业务联动,遥感数据深度融合应用不够。卫星遥感数据作为一种有效的天基资源,能够实现对灾区的广域覆盖监测,但也需要与航空、地面监测、社会舆情、现场调查等各方面的资料进行复合分析,才能最大限度地发挥卫星遥感数据的应用效果。由于还没有形成协同联动工作模式,各类资料没有有效、及时地汇聚、共享和复用,导致卫星遥感数据应用容易出现低水平的重复,信息的时效性和可靠性降低,制约了卫星遥感应用成效的发挥。

三是遥感数据在灾害风险防范中的应用研究不够,缺乏信息共享与服务技术支撑平台。加强灾害隐患的排查与识别、提高灾害综合风险的防范是新时代防灾减灾救灾工作的迫切要求。长期以来,尽管以风云卫星为代表的遥感卫星在台风灾害的跟踪监测、短临灾害的预报预警等方面发挥重要作用。然而,遥感数据在洪涝、干旱、森林草原火灾、滑坡泥石流等自然灾害和人为灾害风险的应用研究还很薄弱,相应的模型方法储备不足。同时,跨部门、跨层级的应急管理遥感信息共享平台尚未建立,尽管已经建立了多个与防灾减灾救灾相关的技术系统,但在遥感信息共享标准、技术服务接口、信息交换共享协议等方面还存在较大差异,形成了多个封闭的技术系统,信息孤岛、信息壁垒现象不同程度存在,严重制约了遥感数据在应急管理中的支撑保障能力。

随着《国家综合防灾减灾规划(2016—2020年)》《国家民用空间基础设施中长期发展规划(2015—2025年)》的深入实施,针对新时代应急管理的新任务新要求,建立高、中、低轨卫星相结合,全天候、全天时、全要素、全球化动态综合观测和应急观测能力,将是应急管理领域国产遥感卫星发展的重要方向,必将为遥感卫星在防灾、减灾、救灾中的深度应用提供更为丰富的遥感数据资源。为强化灾害风险防范,落实《中共中央国务院关于推进防灾减灾救灾体制机制改革的意见》,在联合国灾害管理与应急反应天基信息平台快速发展的同时,未来还要进一步完善国产遥感卫星数据的共享服务和任务协同联动机制,健全数据应用技术标准、业务规程和产品体系,配套建设相应的业务应用系统,加强天-空-地数据的融合应用,不断提高灾害风险监测与损失评估的智能化、定量化和精细化水平,为带动地方防灾、减灾、救灾遥感应用能力和推动全球化的灾害遥感国际服务提供更为有力的技术支撑。

[1] 王平.用时空哲学叩开宇宙之门[J].前沿科学,2010,4(3):88-92.

[2] Wikipedia. Satellite crop monitoring[EB/OL]. [2021-06-28]. https://en.wikipedia.org/wiki/Satellite.

[3] 李强子.农作物遥感识别与种植面积估算研究[C].2018年中国工程科技论坛-智慧农业论坛,北京,2018.

[4] Meng F, Yang X M, Zhou C H, et al. A sparse dictionary learning-based adaptive patch inpainting method for thick clouds removal from high-spatial resolution remote sensing imagery[J]. Sensors, 2017,17(9):2130.

[5] Fu W X, Ma J W, Chen P, et al. Remote sensing satellites for digital earth[M]//Manual of Digital Earth. Singapore: Springer Singapore, 2019.

［ 6 ］ Guo H D，Goodchild M F，Annoni A. Manual of digital Earth［M］. Singapore：Springer Singapore，2020.

［ 7 ］ 刘敏,方如康.现代地理科学词典［M］.北京:科学出版社,2009.

［ 8 ］ Arapoglou P D, Liolis K, Bertinelli M，et al. MIMO over satellite：a review［J］. IEEE Communications Surveys & Tutorials，2011,13(1)：27-51.

［ 9 ］ Athena. Future of Satellites［EB/OL］.［2020-12-05］. https://www.shapingtomorrow.com.

［10］ Union of Concerned Scientists. UCS Satellite Database［EB/OL］.［2020-11-06］. https://www.ucsusa. org/resources/satellite-database.

［11］ Foundation S. The space report 2020［EB/OL］.［2021-02-21］. https://www.thespacereport.org.

［12］ Wikipedia. Satellite［EB/OL］.［2021-02-20］. https://en.wikipedia.org/wiki/Satellite.

［13］ Euroconsult. 2019 Edition satellites to be built & launched by 2028［EB/OL］.［2020-03-06］. https:// www.euroconsult-ec.com/research/WS319_free_extract_2019.pdf.

［14］ Belward A S, Skøien J O. Who launched what, when and why：trends in global land-cover observation capacity from civilian earth observation satellites［J］. ISPRS Journal of Photogrammetry and Remote Sensing，2015,103：115-128.

［15］ Lehmann A，Chaplin-Kramer R，Lacayo M，et al. Lifting the information barriers to address sustainability challenges with data from physical geography and earth observation［J］. Sustainability，2017,9(5)：858.

［16］ Zhang L C，Li G Q，Zhang C，et al. Approach and practice：integrating earth observation resources for data sharing in China GEOSS［J］. International Journal of Digital Earth，2019,12(12):1441-1456.

［17］ 何国金,王桂周,龙腾飞,等.对地观测大数据开放共享:挑战与思考［J］.中国科学院院刊,2018,33(8)：783-790.

［18］ 李德仁,王密,沈欣,等.从对地观测卫星到对地观测脑［J］.武汉大学学报(信息科学版),2017,42(2)：143-149.

［19］ ESA. ESA Data Policy for ERS，Envisat and Earth Explorer missions［EB/OL］.［2012-12-10］. https://earth.esa.int/c/document_library/get_file? folderId=296006&name=DLFE-3602.pdf.

［20］ BDVA. BDVA White Paper EO_final_Nov 2017［EB/OL］.［2017-12-26］. https://www.bdva.eu/ node/924.

［21］ GMV and Copernicus. Study on the copernicus data policy post-2020［EB/OL］.［2019-05-12］. https://www.copernicus.eu/sites/default/files/2019-04/Study-on-the-Copernicus-data-policy-2019_ 0.pdf.

［22］ GEO. 2020—2022 GEO work programme［EB/OL］.［2019-12-23］. https://www.earthobservations. org/documents/gwp20_22/gwp2020_summary_document.pdf.

［23］ GEO. GEO about us［EB/OL］.［2021-02-23］. https://earthobservations.org/geo_community.php.

［24］ EOS. Free satellite imagery sources：zoom in our planet［EB/OL］.［2019-12-30］. https://eos.com/ blog/7-top-free-satellite-imagery-sources-in-2019.

［25］ 周成虎,欧阳,李增元.我国遥感数据的集成与共享研究［J］.中国工程科学,2008,10(6):51-55.

［26］ 吴玮,胡凯龙,苏琼.国产卫星数据特点与减灾应用分析［J］.城市与减灾,2018(6):30-35.

［27］ 范一大,吴玮,等.中国灾害遥感研究进展［J］.遥感学报,2016,20(5):1170-1184.

［28］ Laxman S，Sastry P S. A survey of temporal data mining［J］. Sadhana，2006,31(2):173-198.

第2章　遥感影像时序插补技术

　　农情遥感监测需要与物候期同步(时间以旬为单位)的遥感影像作为数据来源。近几年来随着卫星数量的增多,遥感影像几乎可以覆盖着广袤的地球表面,实现全方位、无缝隙、多时相的监测,信息源有了可靠的保证。但是受光学衍射极限、调制传递函数、信噪比等因素的影响,同时获得时间、空间与光谱的高分辨率影像十分困难[1]。利用现有的卫星系统实现满足任意时空需求的覆盖是不实际的。为了减少卫星在运行中存在的这些尴尬,可能需要考虑介入信息集成、增进卫星变轨响应等方式。此种情况下,作为一项影像应急服务保障机制,基于多源传感器的时空遥感影像融合技术提供了有力的技术保障[2-4]。

　　时空融合是为了缓解时间分辨率和空间分辨率相互制约的问题,通过融合多源遥感数据的高空间分辨率和高时间分辨率特征,以实现高空间分辨率数据在时间上的连续。如图2-1所示,通过一对(或两对)同时期的 TM、MODIS 影像以及预测当日 MODIS 影像,可得到预测当日的 TM 影像数据。

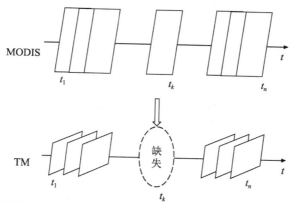

图 2-1　遥感影像时序图像缺失示意图:t_k 时刻 TM 缺失,同时刻的 MODIS 存在,
邻近的 TM 和 MODIS 日期为 $t_i(i=1,\cdots,n,i\neq k)$

　　本章中说明了遥感影像时空融合技术的数据要求和理论依据,详细阐述了时空自适应反射率融合模型(the spatial and temporal adaptive reflectance fusion model,STARFM),重点提出了优化时空自适应反射率融合模型(the optimized spatial and temporal adaptive reflectance fusion model,OSTARFM),并做了仿真实验验证[5],最后比较了主流的三类方法。遥感影像时序融合技术要解决以下三方面的关键问题:一是遥感数据源间的相关性、一致性评估,二是遥感数据源间各自观测误差的定量化研究,三是遥感数据本身特征(光谱特征、空间特征、时间特征、辐射特征)的有效提取和保留。

2.1 遥感影像时序插补技术

2.1.1 研究背景

遥感变化检测是指识别影像地表覆盖类型在一段时间之后的变化[6]。在这个过程中，太阳角差异和大气辐射通常被视为变化检测中的主要噪声来源，在本书中，关注要素集中在农作物自身情势变化、物候变化和生长环境条件变化，这些因素决定作物生长情势和产量。尽管 MODIS 和 AVHRR 影像的短访问周期可以成功地监视农业的快速动态，但是对于高度异质性的区域（例如中国南方的农业景观）而言，空间分辨率明显不足[7]。Landsat NDVI 时间序列在物候监测和长期土地覆被变化监测中起着不可或缺的作用，但是，受 16 d 的重访周期限制、频繁的云遮挡，使得 20%～30% 的数据容易丢失[8]。遥感影像时序合成有望解决上述问题。

作为农业遥感中最流行的应用，作物产量、生物量和总初级生产力（gross primary production，GPP）估计值可以反映出时空数据融合方法的优越性。例如，蒙继华等通过时空自适应植被指数融合模型（spatial and temporal adaptive vegetation index fusion model，STAVFM）将 ETM 和 MODIS 图像融合在一起，用以预测作物生物量。结果表明，STAVFM 估计的冬小麦生物量与实际观测值之间的相关性非常高（R^2 达到0.876）[9]。类似地，从 GPP 实地测量和从大地卫星 MODIS 融合图像显示估计小麦（$R^2 = 0.85$，$P \leqslant 0.01$）和甘蔗（$R^2 = 0.86$，$P \leqslant 0.01$）的相关性[10]。此外，实时农作物生长环境监测对农业管理也很重要。综合数据可用于提供作物外部条件（例如水和土壤条件）和内部属性（例如叶绿素和蛋白质含量）的近实时估计。例如，土壤蒸散量（evapot-transpiration，ET）是作物生长的关键因素，它是由 STARFM 模型通过融合 ASTER-MODIS 图像估算得出的，并与每日的 ET 实地观测值进行了比较[10]。结果表明，从融合图像估计的 ET 的标准偏差（σ）和均方根误差（RMSE）小于基于卫星的 ET 产品，尤其是在玉米和蔬菜地块上[10]。

2.1.2 TM 时序变化监测技术的发展

由于 Landsat 影像获取的时间序列频率相对较低，需要三周以上或几个月的时间来获得无云影像，从影像序列中选择的"最佳"观察结果可能显示出较大的季节性差异。为了克服此限制，诸多学者将 Landsat 数据与较高时间分辨率的图像（例如 MODIS）融合从而提供了解决方案[11-13]。Zhukov 等人开创了基于混合像元分解的融合方法，首先采用超分辨率技术提高 MODIS 数据的空间分辨率，再与原始 Landsat 数据融合[11]。Gao 等人提出了空间和时间自适应反射率模型（STARFM），利用加权函数对 MODIS 与 Landsat 在像素级重新组合，但只适合同质区域的预测，且对于地表覆盖存在变化的情况无法预测[12]。Huang、Zhang 和 Song 等人提出了基于稀疏表达理论，通过学习不同时相影像数据之间的变化规律，预测未知影像，其被证明能很好地预测出地物类型的变化[13, 14]。然而，时间序列地物影像变化较大或数据缺失严重等问题，至今还没有完全得到解决，仍然值得进一步深入研究。

2.1.3 研究思路

从数学角度来说,基于影像的影像融合实质上就是求解一个多元非线性方程组,在贫信息条件下,多源遥感影像融合的实质就是解决一个病态问题[15]。而数据源的丰度决定以上问题的研究层面,即同一时段覆盖同一区域的传感器数目。具体为,在同一采样区域具有 2 个数据源就可以开展第一个问题的研究,除需要多源遥感数据外还需要一类标准化的绝对指标衡量各个传感器的参数。

为了有效地开展试验,本书采用普适性好的 Landsat 多光谱影像(30 m,16 d 重返周期)与 MODIS 二级产品(250 m,Daily 数据)作为数据源,充分利用 Landsat 的空间优势与 MODIS 的时间优势,依据低分数据时空动态变化和邻近时相中分数据的光谱特征,插补出时序上缺失的一景中分遥感影像,并检验其精度和适用性。

如何得到真实观测影像的优化估计,研究思路之一是采用时空自适应模型对信息进行分阶段预测。时空自适应模型作为一种数据系统的处理方法,其特色在于认为逐次观测值通常是不独立的,分析时必须考虑到观测资料的时间顺序,当逐次观测值内部要素相关时,时序上缺失数值可以由过去和当前的数值推断;另外,观测值在空间上也是尺度统一的,如果有同时态的低分数据作参照,提供了动态变化的依托,这样就可以利用观测数据之间的自相关性建立相应的数学模型来描述某时间地物特征的影像表述[16]。

当观测数据时间序列比较长时,时空自适应模型建模方法能获得满意的预报效果[17]。但对于某些数据而言,如信息量少、获取周期长、规律性不强的遥感影像数据,采用这种方法则存在较大的难度,可以考虑在同源时序数据的基础上增加异源空间数据,既可以反映预测时段的准确的地面信息,也可以保证模型在预测结果与观测数据误差的方差最小时有解。从数学角度来看,时空自适应模型是假设影像间是统计独立或互不相关的,这类统计方法是一种静态的数据处理方法。在实际测量中遥感数据作为一种观测数据,观测误差的存在是必然的,不同传感器观测数值也是存在精度差异的。从严格应用上讲,它没有考虑到传感器差异及观测误差[18-19]。

关于此问题的解决,本书将视角转向同化算法,这个概念被证明是 1970 年代以来在数值预报方面的一个主要进步[20]。在这方面,同化算法是以先验方差决定观测值的精度,从而影响观测值的权重,在过程收敛的前提下通过数次迭代,得到一个全局最优估计,该算法在系统理论中体现了一定的优越性。目前,由气象学、水文学和海洋学发展起来的同化技术的应用范畴只涉及为空间分布的环境参数提供物理意义上的一致性估计。而事实上,遥感数据作为观测数据的一类,同样需要数据的精度分析与预测评估。相较而言,同化分析是一种动态数据的处理方法。其特色在于考虑到观测值具有系统误差和偶然误差,可以用方差指标定量评价传感器间及同源数据自身的系统观测值,进而获得定量反演地表参数的全局最优估计。

本章将研究的问题是:同化分析理论用于时空自适应模型是否比静态的模型更优?动态优化时空自适应算法,把建模作为寻求时序动态系统的表达式来处理,与一般的静态模型有何不同,其效果怎样?

2.2　对多个传感器的一致性检验

2.2.1　假设条件

任何一个模型都是在一定假设基础上展开的,为了充分证明算法的有效性,首先结合实际情况进行讨论,分析其是否符合模型试验环境的需求。

2.2.1.1　假设条件之一:经过标准化预处理之后,TM 与 MODIS 传感器数据只存在空间分辨率差异

经过预处理之后的 MODIS(250 m)和 TM(30 m)在相同波段、同一位置、同一时段记录的光谱信息一致,二者只在空间分辨率上存在差异,则低分辨率影像中一个像素的光谱值与中分辨率影像对应范围像素所反映的光谱反射率关系是

$$C_t = \sum (F_t^i \times A_t^i) \tag{2-1}$$

式中:C_t 为低分辨率影像某个像素在 t 时刻的光谱值;F_t^i 为中分辨率影像对应范围的像素中第 i 个像素在 t 时刻的光谱值,A_t^i 为各光谱值对应的像素数量。本式中,C——Coarse 表示粗尺度遥感影像,F——Fine 表示精细尺度影像。

然而,考虑到观测值与准真值之间的差异,

$$L(x_i, y_j, t_k) = M(x_i, y_j, t_k) + \varepsilon_k \tag{2-2}$$

式中:ε_k 为观测误差。

在 t_0 时刻

$$L(x_i, y_j, t_0) = M(x_i, y_j, t_0) + \varepsilon_0 \tag{2-3}$$

2.2.1.2　假设条件之二:在获取的影像时段内,地物类型的组成和空间布局没有发生变化

同一地类在两景相邻时相 TM 影像中的地物的类型数目和空间位置不变,如果其中一景影像缺失,则可以用另一景预测缺失影像的地类及空间布局,用式 $\varepsilon_0 = \varepsilon_k$ 表达 t_0 时刻和 t_k 时刻两景相邻的 TM 影像对应空间位置的地类不变,则

$$L(x_i, y_j, t_0) = M(x_i, y_j, t_0) + L(x_i, y_j, t_k) - M(x_j, y_j, t_k) \tag{2-4}$$

式中:k 为时间序列。

说明:假设条件之二是否成立取决于以何种时空尺度来衡量。本书研究区域为北京市冬小麦种植区,种植物候从 3 月起到 6 月收获之前,农作物在地块级种植情况基本可视为无变化[21]。

事实上,遥感图像内部相对光谱响应曲线(relative spectral response)形态各异,外部受到许多不确定因素的影响,如成像时间、大气条件、太阳高度角、地形起伏等,这些都会带来

成像差异并且影响后续处理。

2.2.1.3 试验涉及的两个传感器成像的差异

1）传感器及所搭载卫星平台的指标参数

表 2-1　TM 与 MODIS 性能参数表

指标名称	指标参数	
传感器	主题成像传感器（TM/ETM）	中分辨率传感器（MODIS）
卫星	美国陆地卫星五号（Landsat 5/7/8）	Terra spacecraft
轨道高度（km）	705	705
扫描模式	线性探测器＋光机扫描	成像光谱仪
扫描角	15.4°	±55°
幅宽（km）	185	2 330
重访周期（d）	16	1
成像时间	10:00 AM	10:30 AM
空间分辨率（m）	30	250，500，1 000
波段数量（bands）	6	36

结论：虽然在空间分辨率与重访周期二者存在差异，但在以下两个关键方面一致：成像时间，如果是在同一天拍摄，两个传感器拍摄时间间隔不超过半小时；轨道高度，二者的轨道高度都为 705 km，轨道高度虽然决定了卫星能够覆盖的最大面积，但是实际覆盖区域的面积会由于卫星携带的传感器而受到限制。

2）光谱分辨率（spectral resolution）

表 2-2　光谱波段对比表

TM		MODIS	
波段序列号	波谱范围（nm）	波段序列号	波谱范围（nm）
1	450～520	3	459～479
2	520～600	4	545～565
3	630～690	1	620～670
4	760～900	2	841～876
5	1 550～1 750	6	1 628～1 652
7	2 080～2 350	7	2 105～2 155

从上表可以看到，MODIS 与 TM 的多光谱波段的波长范围均较窄，数目和范围基本一致，还需要进一步研究在已知波段范围内传感器响应是否一致。

3）相对光谱响应曲线（relative spectral response ）

图 2-2 为 MODIS 与 Landsat 相近波谱段的多光谱传感器的相对光谱响应曲线[22]。可

见，两个多光谱传感器在可见光和近红外波谱段的光谱响应值存在一定的差别，表示多光谱两传感器在 6 个波段上（表 2-2）存在重叠远多于空隙。

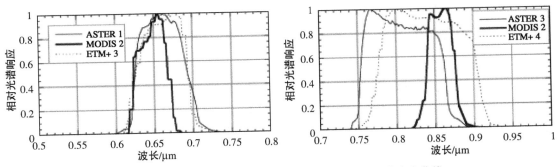

图 2-2 MODIS 与 Landsat 多光谱传感器的相对光谱响应曲线

4）外部影响因素

许多不确定因素的影响，如成像时间、大气条件、太阳高度角、地形起伏等，也会导致影像差异较大。这里采用通用技术对影像进行预处理，包括辐射校正、大气校正、几何精校正，以降低由不确定因素引起的两者不一致。

5）应用目的差异

由于遥感影像的服务对象不同，对影像产品的要求也不尽相同。Landsat 可以称得上是一款时空兼具的卫星，特别地设有热辐射异常地表监测的热红外波段（http://landsat.gsfc.nasa.gov/）。在 NASA 的 MODIS 产品计划中，共有 44 种标准产品，几乎囊括了所有陆地、海洋、大气产品。按照数据格式的不同，采用 2 种数据格式：Swath 和 Grid（Swath：以"卫星"为参照系；Grid：以"地球"为参照系，来自 http://modis.gsfc.nasa.gov/），如表 2-3 所示。

表 2-3 MODIS 两款数据结构：Swath 和 Grid

Swath	Grid
Level 1、Level 2	Level 2G、Level 3、Level 4
以"卫星"为参照系： 数据结构：Swath 结构 数据实体：5 min Granule 2 330 km×2 340 km（曲面） 110°扫描 有重复和遗漏	以"地球"为参照系： 数据结构：Grid 数据实体：1 200 km×1 200 km 的 Tile 10°×10°（赤道） 全球 460 个 Tile，其中陆地 326 个

综上所述，两款卫星在光谱区域设置和响应曲线有重叠，从光谱性能上较为一致；显著差异体现在空间分辨率和重访周期、扫描模式等方面，将重访周期、扫描模式这部分差异带来的对观测值的影响归结为系统误差和偶然误差，其中系统误差只能通过人类对系统的深入研究来降低，偶然误差源于传感器精度和外界环境影响，可以通过对算法的改进加以改善。

通过以上各方面差异比较，归纳得出结论：差异仍然存在，二者有较好的一致性。体现在：首先，MODIS 和 ETM 的传感器参数设置和成像环境（平台高度、过境时间、等轨参数以及相似的相应带宽）非常相似。其次，假设理想地通过辐射定标、几何校正和大气校正对

MODIS 数据和 Landsat 数据进行预处理,然后将系统偏差纳入噪声项。在几何、大气、辐射标准化处理之后,使得二者在反映地表反射率、辐射率具有可比性,存在较好的一致性。既保持各自在时空方面的优势,又可将各自差异控制在观测误差允许范围内。

2.2.2　对多个传感器的一致性检验

现有的基于时间和基于空间的多传感器数据融合方法在预处理过程中通常未考虑传感器间的一致性和可靠性,本书基于支持度的数据一致性检验作为对多传感器的检验方法,为后续的相对辐射校正提供了度量传感器准确性的依据。在实际检验过程中发现两方面问题:一是不同传感器成像机理和外界拍摄环境不一致,通常在对各传感器分别进行标准化预处理之后直接采取相对辐射校正,缺少在校正之前对传感器进行一致性检验和可靠性分析。二是检验模型本身是在一系列假设条件上建立的,实际数据未必满足假设条件,而专题应用中通常将预处理之后的数据作为标准化值直接引用。

数据一致性检验:不同类型传感器的遥感数据生成机理不同,因此在数据一致性检验之前先对不同源数据进行标准化处理,排除外界因素的影响。遥感数据作为观测值,具有观测误差,如果各观测值作为独立样本,需要对不同源数据进行一致性检验。

建立测量模型。对同一数据源,设有 n 个传感器,在 m 个时刻有观测值 $z_i(k)$,存在观测误差 $\varepsilon_i(k)$,即:

$$z_i(k) = x(k) + \varepsilon_i(k) \tag{2-5}$$

式中:$z_i(k)$ 为第 i 个传感器在 k 时刻的观测值;$i = 1, 2, \cdots, n; k = 1, 2, \cdots, m$。

对于两个传感器,k 时刻第 i 个与第 j 个传感器观测值的支持度表达形式如下:

$$\alpha_{ij}(k) = \exp\{-\alpha[z_1(k) - z_j(k)]^2\} \tag{2-6}$$

结论 1:$\alpha_{ij}(k)$ 值越大,表示两个传感器的观测值相互支持度高。

多个传感器间在 k 时刻的支持度可以用矩阵形式表示。

$$\boldsymbol{SD}(k) = \begin{bmatrix} 1 & \alpha_{12}(k) & \cdots & \alpha_{1n}(k) \\ \alpha_{21}(k) & 1 & \cdots & \alpha_{2n}(k) \\ \vdots & \vdots & \ddots & \vdots \\ \alpha_{n1}(k) & \alpha_{n2}(k) & \cdots & 1 \end{bmatrix} \tag{2-7}$$

结论 2:支持度 $\sum\limits_{j=1}^{n} \alpha_{ij}(k)$ 越大,表明 k 时刻第 i 个传感器观测值与多数传感器保持一致。

2.3　理论依据

2.3.1　时空自适应模型

2.3.1.1　多传感器数据时空融合估计算法的提出

目前,已有多种从含有噪声的测量数据中估计出一个参数的多传感器数据融合方法。

这些方法主要分为两大类,即基于时间和基于空间的多传感器数据融合方法。基于时间的数据融合方法考虑了数据融合时间性的方法,针对单传感器在不同时刻的测量结果进行数据融合。而基于空间的数据融合方法考虑了数据融合空间性的方法,对同一时刻不同空间位置的多传感器测量进行数据融合。虽然,这些方法都有效地提高了测量精度,但由于割裂了数据融合的时间性和空间性,所以这些方法都具有一定的局限性。针对数据融合的时间性和空间性,Gao 等[12]提出了一种时空融合估计算法,先将每个传感器在不同时刻的观测值与该时刻之前的测量初值进行融合,得出该传感器在不同时刻的融合估计值,然后将各个传感器同时刻的估计值进行空间融合,从而得到被测参数的最终估计。该算法将数据融合分解为两次估计,第一次是基于时间的最优融合估计,第二次是基于空间的最优融合估计,估计后的均方误差小于基于时间的数据融合或基于空间的数据融合均方误差。

2.3.1.2　模型建立

对同一数据源,设有 n 个传感器,在 m 个时刻有观测值 $z_i(k)$,其中:$i=1, 2, \cdots, n$;$k=1, 2, \cdots, m$。则:

$$Z = X + \Delta \tag{2-8}$$

式中:Z 为第 n 个传感器在 m 时刻的观测值集合 $\{z_i(k)\}$;X 为真值;Δ 为观测误差的集合 $\{\varepsilon_i(k)\}$。$Z = f(x, y)$ 表示影像在 (x, y) 位置的像素值。

1) 时间分析

时间分析是针对一个传感器多次采样结果的分析。测量方差是传感器内部噪声与环境干扰的一种综合属性,这一属性始终存在于对目标跟踪测量的全过程中。因此,可将单个传感器历次采样时的方差分配与当前方差分配赋予不同的权值,作为当前测量方差的实时估算。考虑到当前测量信息在当前测量方差估计中的重要作用,根据时间的递推估计理论,合理优化过去测量信息在确定当前测量方差所利用信息中的比重。

基于时间的递推估计理论,已知同一传感器在某一时刻测量值,得到 X 的均值和方差为 $z_i^+(1) = z_i(1)$ 与 $p_i^+(1) = \sigma_i^2(1)$。

由时间的递推估计理论,可得到下一时刻测量后的最优估计值和方差为:

递推均值式:　$z_i^+(2) = \dfrac{\sigma_i^2(2)}{\sigma_i^2(1) + \sigma_i^2(2)} z_i(1) + \dfrac{\sigma_i^2(1)}{\sigma_i^2(1) + \sigma_i^2(2)} z_i(2)$

递推方差式:　　　$p_i^+(2) = \dfrac{\sigma_i^2(1)\sigma_i^2(2)}{\sigma_i^2(1) + \sigma_i^2(2)}$　　　　　　(2-9)

式中:z_i^+ 与 σ_i^2 为同一传感器在某一时刻测量值的均值和方差。

2) 空间分析

空间分析是对多个传感器一次采样结果的分析。可利用多传感器静态时最优权值分配原则[12, 23],即每个传感器分配的权系数 $\omega_i = \dfrac{1}{R_i} \Big/ \sum\limits_{i=1}^{s} \dfrac{1}{R_i}$,其中 R_i 为各传感器中误差的平方。

可以证明以此原则获得的融合结果的无偏性、有效性和一致性。各传感器测量方差的估计可先基于此融合结果做一个粗略的分配,即以每个传感器的测量值与该次采样时各传感器测量融合结果的平方作为各传感器该次采样的方差分配。

利用时间递推估计理论，同一传感器每次只取一个测量数据，将估计值和相应的方差作为下一次测量之前的统计特性，第二次测量数据用于修正第一次的值，依次递推计算，直到把各次测量数据都进行参预估计。推算出每个传感器 k 次测量后的时间融合估计值和方差为：

$$z_i^+(k) = \frac{\sigma_i^2(k)}{p_i^+(k-1) + \sigma_i^2(k)} z_i^+(k-1) + \frac{p_i^+(k-1)}{p_i^+(k-1) + \sigma_i^2(k)} z_i(k)$$

$$p_i^+(k) = \frac{p_i^+(k-1)\sigma_i^2(k)}{p_i^+(k-1) + \sigma_i^2(k)} \tag{2-10}$$

3）时空综合分析的测量方差估计算法

基于以上分析提出了时空综合分析的测量方差估计算法，具体算法如下：设 $z_i(k)$ 表示第 i 个传感器第 k 次采样的结果，则第 k 次采样时各传感器测量的融合值 $\bar{z}(k)$ 为：

$$\bar{z}(k) = \sum_{i=1}^{s} \omega_i z_i^+(k) \tag{2-11}$$

则第 k 次测量多传感器时空估计的总均方误差为：

$$\sigma^2(k) = E\{[x - \bar{z}(k)]^2\} = E\left\{\left[x - \sum_{i=1}^{s} \omega_i z_i^+(k)\right]^2\right\}$$

$$= E\left\{\sum_{i=1}^{s} \omega_i^2 [x - z_i^+(k)]^2 + 2\sum_{i,j=1, i \neq j}^{s} \omega_i(k) \times \omega_j(k) \times [x - z_i^+(k)][x - z_j^+(k)]\right\} \tag{2-12}$$

因为 $z_i^+(k)$ 相互独立，有 $E[x - z_i^+(k)][x - z_j^+(k)] = 0(i, j = 1, 2, \cdots, s \text{ 且 } i \neq j)$。所以有

$$\sigma^2(k) = E\left\{\sum_{i=1}^{s} \omega_i^2 [x - z_i^+(k)]^2\right\} = \sum_{i=1}^{s} \omega_i^2 p_i^+(k) \tag{2-13}$$

$\sigma^2(k)$ 存在最小值，用拉格朗日乘子法解此条件极值，则最优加权因子为 $\omega_i = \left[p_i^+(k) \sum_{j=1}^{s} \frac{1}{p_j^+(k)}\right]^{-1}$。

各传感器的加权因子 $\omega_i(i = 1, \cdots, s)$，则融合后的加权因子满足下式：

$$\sum_{i=1}^{s} \omega_i = 1 \tag{2-14}$$

最终总的均方误差为

$$\sigma_{\min}^2(k) = \left(\sum_{i=1}^{s} \frac{1}{p_i^+(k)}\right)^{-1} \tag{2-15}$$

时空融合算法的均方误差小于基于空间最优融合估计算法的均方误差。可见，由时空融合估计算法得出的测量值优于目前已有的基于时间和基于空间的数据融合算法得出的测量值。

2.3.2　同化模型——连续校正算法

2.3.2.1　连续校正算法的目的

利用每个邻域中所有观测值估计一个模型状态 χ_a，其与观测值不等，它消去了观测值的随机误差，表示一个光滑曲面（图 2-3）。这个方法最早由 Bratseth 于 1986 年提出[15, 16]，被利用于表面趋势分析，逐渐形成了连续校正算法（successive correction method）。

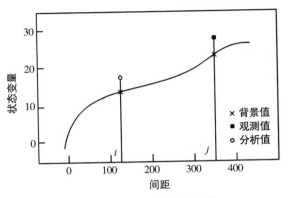

图 2-3　连续校正算法示意图

2.3.2.2　模型建立

本书采用的是多次迭代形式的连续校正算法，假设模型状态是单变量，用 $x_b(r_i)$ 表示模型的背景值，用 $x_o(r_j)$ 表示模型的观测值，其中 r 定义了空间位置，$i, j = 1, 2, \cdots, n$ 表示同一变量的一系列观测值，r_j 与 r_i 是等同的，位置关系可以互换，则在 i 处的分析值被定义为 $x_a(r_i)$。再分析背景点和观测点，假定背景误差和观测误差均一而且空间不相关，预测的背景误差方差 $E_b^2 = \langle \varepsilon_b^2(r) \rangle$ 和观测误差方差 $E_o^2 = \langle \varepsilon_o^2(r) \rangle$ 在空间上独立。首先考虑一次估计的结果：

$$x_a(r_i) - x_b(r_i) = W_{ij}[x_o(r_j) - x_b(r_j)] \tag{2-16}$$

式中：$W_{ij} = w_{ij} \big/ (E_o^2/E_b^2 + w_{ij})$；对于距离权重系数 w_{ij}，如果 r_i 和 r_j 之间的距离较远，那么 $w_{ij} = 0$。

w_{ij} 具有三种不同表达形式：

$$w_{ij} = \max\left(0, \frac{R^2 - d_{ij}^2}{R^2 + d_{ij}^2}\right) \tag{2-17}$$

$$w_{ij} = \exp\left(-\frac{d_{ij}^2}{2R^2}\right) \tag{2-18}$$

$$w_{ij} = \left(1 + \frac{d_{ij}}{R^2}\right)\exp\left(-\frac{d_{ij}}{R^2}\right) \tag{2-19}$$

式中：R 为搜索半径，即以此为半径搜索内部的点；d_{ij} 为 r_i 和 r_j 之间的距离。图 2-4 是三个权重函数的表达。

扩展式（2-16）为 n 次观测 $j = 1, 2, \cdots, n$，得到

$$x_a(r_i) - x_b(r_i) = \frac{\displaystyle\sum_{j=1}^{n} w(r_i, r_j)[x_o(r_j) - x_b(r_j)]}{E_o^2/E_b^2 + \displaystyle\sum_{j=1}^{n} w(r_i, r_j)} \tag{2-20}$$

为了取得全局最优估计，进行多次迭代获得观测值和背景值间的最优分析值，改写上式为：

$$x_a^{(1)}(r_i) = x_b(r_i) + W_{ij}\left[x_o(r_j) - x_b(r_j)\right] \tag{2-21}$$

式(2-21)表示在 i 处的第一次分析值，由于 r_j 与 r_i 是等同的，位置关系可以互换，则在 j 处的分析值被定义为 $x_a^{(1)}(r_j)$，写作：

$$x_a^{(1)}(r_j) = x_b^{(1)}(r_j) + W_{ij}\left[x_a^{(1)}(r_i) - x_b(r_i)\right] \tag{2-22}$$

将首次估计值代入进行二次校正：

$$x_a^{(2)}(r_i) = x_b(r_i) + W_{ij}\left[x_o(r_j) - x_a^{(1)}(r_j)\right] \tag{2-23}$$

对称的有

$$x_a^{(2)}(r_j) = x_b(r_j) + W_{ij}\left[x_a^{(2)}(r_i) - x_b(r_i)\right] \tag{2-24}$$

整个迭代过程根据公式进行：

$$x_a^{(n+1)}(r_i) = x_b^{(n)}(r_i) + W_{ij}\left[x_o(r_j) - x_a^{(n)}(r_j)\right] \tag{2-25}$$

$$x_a^{(n+1)}(r_j) = x_b^{(n)}(r_j) + W_{ij}\left[x_a^{(n+1)}(r_i) - x_b^{(n)}(r_i)\right] \tag{2-26}$$

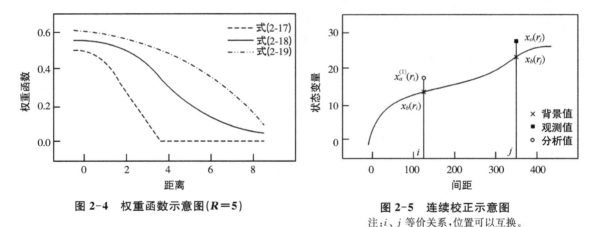

图 2-4　权重函数示意图($R=5$)　　　图 2-5　连续校正示意图
注：i、j 等价关系，位置可以互换。

2.3.2.3　模型分析[5]

模型中，搜索半径 R 决定距离权重系数 w_{ij}，背景误差方差 $E_b^2 = \langle \varepsilon_b^2(r) \rangle$ 和观测误差方差 $E_o^2 = \langle \varepsilon_0^2(r) \rangle$ 在整个迭代过程中不断发生改变，所以权重因子 $W_{ij} = w_{ij} \big/ (E_o^2/E_b^2 + w_{ij})$ 在整个迭代过程中也在变化。当然，整个收敛过程中收敛值、收敛速度、收敛半径也可以随以上因子调节。

2.4　基于时空自适应加权的合成算法

基于时空自适应加权的合成算法充分考虑了不同传感器在各个观测时点的关联性，寻找对应时刻的最优加权系数,使合成结果具有时空关联性。

2.4.1　设计思想

TM 影像的空间分辨率为 30 m,比较精细,可以由相邻若干个光谱相同或相近的像素反映某个微观地物;反过来,一个像素四周总可以找到与它光谱相同或相近的邻居像素,那么就可以用这部分邻居像素参与中心像素的预测。

因此,预测影像的过程是在满足两个假设的前提下,设置一个移动窗口,在窗口内搜索与中心像素光谱相同或相近的邻居像素(称贡献像素),根据贡献率的大小(包括光谱相似程度、时间间隔长短、贡献像素位置三个要素)作为贡献率 W 与贡献像素灰度值相乘进行累计求和,归一化之后得到窗口中心像素的灰度值。

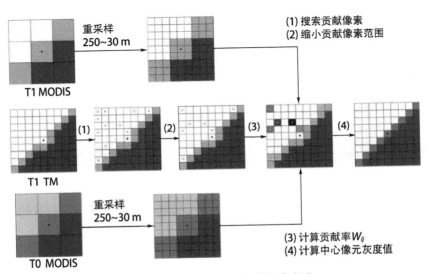

图 2-6　时空自适应加权的合成方法

2.4.2　数学模型

2.4.2.1　模型建立

在前面两个假设条件成立的前提下,只考虑不同源数据之间的空间分辨率差异,则 t 时刻 TM 和 MODIS 之间由于尺度不同,对应区域的光谱值关系式为

$$C_t = \sum (F_t^i \times A_t^i) \tag{2-27}$$

式中:C 为 Coarse 低分辨率影像;F 为 Fine 中分辨率影像;A 为权重因子。

将 MODIS 影像重采样至与 TM 一致——30 m 的空间分辨率,MODIS 存在"混合像素"反映真实地表邻域内光谱均值,这时 MODIS 与 TM 对应位置像素的光谱值关系式为

$$L(x_i, y_j, t_k) - M(x_i, y_j, t_k) = \varepsilon_k \tag{2-28}$$

其中,t_k 时刻(x_i, y_j) 位置处像素分别对应 $L(x_i, y_j, t_k)$ 和 $M(x_i, y_j, t_k)$。

取 n 对同一天获取的 TM 和 MODIS 数据 $t_k(k=1, 2, \cdots, n)$，第 t_0 天对应的 TM 和 MODIS 数据为 $L(x_i, y_j, t_0)$ 和 $M(x_i, y_j, t_0)$，这里 $L(x_i, y_j, t_0)$ 是待预测影像。上式改写为

$$L(x_i, y_j, t_0) = M(x_i, y_j, t_0) + \varepsilon_0 \tag{2-29}$$

在假设条件二成立时，第 t_0 天至第 t_k 天地物空间分布无动态变化，$\varepsilon_0 = \varepsilon_k$，则

$$L(x_i, y_j, t_0) = M(x_i, y_j, t_0) + L(x_i, y_j, t_k) - M(x_i, y_j, t_k) \tag{2-30}$$

TM 影像的空间分辨率为 30 m，比较精细，可以由相邻若干个光谱相同或相近的像素反映某个微观地物；反过来，一个像素四周总可以找到与它光谱相同或相近的邻居像素，那么就可以用这部分邻居像素参与中心像素的预测。

以预测像素 $L(x_{w/2}, y_{w/2}, t_0)$ 为中心建立搜索窗口 $w \times w$，在窗口内以阈值范围寻找光谱相同或相近的像素 $L(x_i, y_j, t_0)$，可以用这些像素配以权重 W_{ij}，得到预测像素

$$L(x_{w/2}, y_{w/2}, t_0) = \sum_{i=1}^{w} \sum_{j=1}^{w} W_{ij} L(x_i, y_j, t_0) \tag{2-31}$$

扩展为 n 次观测，式（2-31）扩展为

$$L(x_{w/2}, y_{w/2}, t_0) = \sum_{i=1}^{w} \sum_{j=1}^{w} \sum_{k=1}^{w} W_{ijk} [M(x_i, y_j, t_0) + L(x_i, y_j, t_k) - M(x_i, y_j, t_k)] \tag{2-32}$$

式（2-32）为第 t_0 天 TM 的光谱值，可以逐像素通过 n 对 TM 和 MODIS 数据和第 t_0 天 MODIS 数据进行预测。

2.4.2.2 时空自适应性权重因子

权重因子决定了邻域像素对中心像素的贡献率，这里考虑到三个影响因素：光谱、时间、空间。

光谱差异：$S_{ijk} = | L(x_i, y_j, t_k) - M(x_i, y_j, t_k) |$ $\tag{2-33}$

上式中，低分辨率 $L(x_i, y_j, t_k)$ 代表窗口内像素均值，中分辨率 $M(x_i, y_j, t_k)$ 为中心像素，两者之间差异值较小说明地物光谱值较一致。本书认为，对于光谱差异较小的像素，贡献率较大。

特别情况下，MODIS 与 TM 在同一时刻同一位置光谱值一致，这时的预测值等于观测值。

时间差异：$T_{ijk} = | M(x_i, y_j, t_k) - M(x_i, y_j, t_0) |$ $\tag{2-34}$

上式中，$M(x_i, y_j, t_0)$、$M(x_i, y_j, t_k)$ 分别表示预测时刻与已知时刻同类型影像的动态变化测度。时间差值越小，表示地表植被光谱波动不大。本书认为，对于这样的像素，贡献率较大。

特别情况下，当预测时间为观测时间，这时的预测值等于观测值。

距离差异：$d_{ijk} = \sqrt{(x_{w/2} - x_i)^2 + (y_{w/2} - y_j)^2} \Rightarrow D_{ijk} = 1 + d_{ijk}/A$ $\tag{2-35}$

上式中，d_{ijk} 窗口内预测像素与邻域像素距离。本书认为，距离越近的像素，贡献率越

大。其中，A 为调整因子，将绝对距离 d_{ijk} 转换为相对距离 D_{ijk}。

$$C_{ijk}=S_{ijk}\times T_{ijk}\times D_{ijk}\Rightarrow W_{ijk}=(1/C_{ijk})\Big/\sum_{i=1}^{w}\sum_{j=1}^{w}\sum_{k=1}^{n}(1/C_{ijk}) \quad (2-36)$$

上式中，将光谱、时间、空间三要素考虑在内，作为综合权重因子，并将其归一化得到 W_{ijk}。注意：当三要素之一为 0 时，做如下处理：

将 C 赋值 0.000 001，当 $S_{ijk}=0$ 时，$L(x_{w/2},y_{w/2},t_0)=M(x_i,y_j,t_0)$；

当 $T_{ijk}=0$ 时，$L(x_{w/2},y_{w/2},t_0)=L(x_i,y_j,t_k)$。

2.4.2.3　缩小贡献像素范围

贡献像素定义：与窗口预测像素光谱相同或相近，并可以为预测中心像素提供数据来源的像素。根据以下两个依据评判贡献像素：

1) MODIS 文件中提供 QA/QC 层[①]是对像素质量的说明文件，把像素质量分为 5 级，只选 0~3 级像素作为贡献像素。

2) 如果邻域像素不能为窗口中心的像素提供更加有效的光谱信息，则不进入贡献像素入选范围内。去掉 $S_{ijk}\geqslant\max[\,|\,L(x_{w/2},y_{w/2},t_k)-M(x_{w/2},y_{w/2},t_k)\,|\,]$，$T_{ijk}\geqslant\max[\,|\,M(x_{w/2},y_{w/2},t_0)-M(x_{w/2},w_{w/2},t_k)\,|\,]$ 范围内的像素点。

2.4.2.4　结果影像生成

$$L(x_{w/2},y_{w/2},t_0)=\sum_{i=1}^{w}\sum_{j=1}^{w}\sum_{k=1}^{n}W_{ijk}\times[M(x_i,y_i,t_0)-M(x_i,y_i,t_k)+L(x_i,y_i,t_k)]$$
$$(2-37)$$

结果为预测第 t_0 天的 TM 影像像素。

2.4.3　模型检验

模型预测绝对误差
$$\Delta L=|\,L-L_R\,| \quad (2-38)$$

模型预测相对误差
$$R=100\%\times\Delta L/L_R \quad (2-39)$$

式中：L_R 为 reference image，真实影像，作为参考影像；L 为 synthetic image，预测影像。

2.4.4　适用性分析

该算法适用以下条件：①MODIS 观测值无云。如果 MODIS 有云，预测结果有云。②存在贡献像素。在一定窗口尺寸内，存在光谱差异小于一定阈值的邻居像素作为贡献像素，并且较预测像素本身提供更有用的光谱空间信息，否则被滤除掉。

反之，对地面同一地区，两个传感器感知的光谱特征动态变化相反，该算法不适用。

---

① QA/QC (quality assurance/ quality control)：MODIS 文件所包含的质量保证或质量控制(QA/QC)图层可用于标识要删除的像素，例如云状态、云阴影、气溶胶数量等信息。

2.5　动态优化时空自适应算法

动态优化时空自适应算法是在原有 STARFM 模型上的改进,针对原有模型未充分考虑传感器观测值误差,动态优化时空自适应算法综合考虑了多源传感器的相互关联性和时间连续性,从而使数据处理更具系统性和整体性。

2.5.1　技术路线

概述如下:采用信号处理领域中时空自适应技术得到二维遥感影像的首次预测值,引入同化算法中连续校正法,引入背景值验后方差和观测值时序搜索半径,代入估计值的权重分配函数式作为过程动态逼近的理论依据,修正首次预测值直至全局最优。

针对遥感数据的特征,动态时序插补技术大致分三步走。首先,建立时空自适应的时序影像插补模型,得到初次估值,这里时序影像的"值"为二维矩阵。随后,建立动态优化时空自适应的时序影像插补模型,生成变权系数,对首次结果不断优化,得到全局最优的估计预测值。最后,在建立模型并得到结果之后,讨论哪些因素影响该模型以及模型的适用条件,虽然讨论对象不具有代表性,也可以借助定性与定量分析的结果进行模型评价。

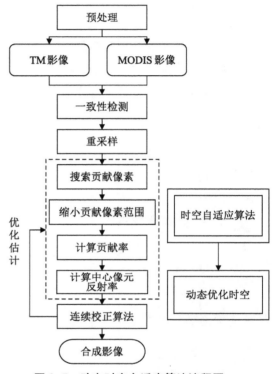

图 2-7　动态时空自适应算法流程图

根据上述方法概述,设计总体技术路线如图 2-7 所示[5]。

2.5.2　模型建立

时空自适应的时序影像插补模型中,在某一时刻 t_k,TM 和 MODIS 对应位置处的像素灰度值是由传感器的幅宽、太阳几何条件和大气条件等差异造成的 $L(x_i, y_j, t_k) - M(x_i, y_j, t_k) = \varepsilon_k$,已知有 n 对同时刻像对 $(k = 1, 2, \cdots, n)$。

在预测时刻 t_0,已知 MODIS 影像,求 TM 影像。二者的关系如下:

$$L(x_i, y_j, t_0) - M(x_i, y_j, t_0) = \varepsilon_0 \tag{2-40}$$

假设影像误差 ε_k 不随时间发生改变,$\varepsilon_k = \varepsilon_0$,则

$$L(x_i, y_j, t_0) = M(x_i, y_j, t_0) + L(x_i, y_j, t_k) - M(x_i, y_j, t_k) \tag{2-41}$$

设置一个 $w \times w$ 移动窗口,对其中的贡献像素乘以加权因子 W_{ijk} 计算窗口中心像素

$L(x_{w/2}, y_{w/2}, t_0)$，得到

$$L(x_{w/2}, y_{w/2}, t_0) = \sum_{i=1}^{w} \sum_{j=1}^{w} \sum_{k=1}^{w} W_{ijk} \times [M(x_i, y_i, t_0) - M(x_i, y_i, t_k) + L(x_i, y_i, t_k)]$$

$$(2\text{-}42)$$

式中：$W_{ijk} = \dfrac{1}{C_{ijk}} \sum\limits_{i=1}^{w} \sum\limits_{j=1}^{w} \sum\limits_{k=1}^{n} \dfrac{1}{C_{ijk}}$；$C_{ijk}$ 表示光谱、距离、时间差距的乘积。

当观测值为一次，采用两个估计间的最优权重分配公式

$$x_a(r_i) - x_b(r_i) = W_{ij}[x_0(r_j) - x_b(r_j)] \qquad (2\text{-}43)$$

式中：$W_{ij} = w_{ij}/(E_o^2/E_b^2 + w_{ij})$；$w_{ij} = \exp\left(-\dfrac{d_{ij}^2}{2R^2}\right)$；背景误差方差 $E_b^2 = \langle \varepsilon_b^2(r) \rangle$ 和观测误差方差 $E_o^2 = \langle \varepsilon_0^2(r) \rangle$。

扩展式(2-42)为 n 次观测 $k = 1, 2, \cdots, n$，得到

$$x_a(r_i) - x_b(r_i) = \frac{\sum\limits_{k=1}^{n} w_k(r_i, r_j)[x_o(r_j) - x_b(r_j)]}{E_o^2/E_b^2 + \sum\limits_{k=1}^{n} w_k(r_i, r_j)} \qquad (2\text{-}44)$$

简化为

$$x_a(r_i) - x_b(r_i) = W_{ij}[x_o(r_j) - x_b(r_j)] \qquad (2\text{-}45)$$

为了取得全局最优估计，进行多次迭代获得观测值和背景值间的最优分析值，式(2-45)改写为：

$$x_a^{(1)}(r_i) = x_b(r_i) + W_{ij}[x_o(r_j) - x_b(r_j)] \qquad (2\text{-}46)$$

$$\cdots\cdots$$

$$x_a^{(n+1)}(r_i) = x_b^{(n)}(r_i) + W_{ij}[x_o(r_j) - x_a^{(n)}(r_j)] \qquad (2\text{-}47)$$

对称的有

$$x_a^{(n+1)}(r_j) = x_b(r_j) + W_{ij}[x_a^{(n+1)}(r_i) - x_b^{(n)}(r_i)] \qquad (2\text{-}48)$$

下面介绍动态优化时空自适应算法的过程，步骤如下：

第一步，将式(2-42)得到 t_0 时刻的 TM 预测影像 $L^{(0)}(x_i, y_j, t_0)$ 设置为初始值，后续步骤将对此值不断进行修正。

第二步，按照时间序列 $t_k (k = 0, 1, 2, \cdots, n)$ 不断递增，同时 t_0 和 t_k 的位置是等价的，交换式(2-42)中 t_0 和 t_k 的位置，得到式(2-49)，将式(2-42)结果 $L^{(0)}(x_i, y_j, t_0)$ 代入式(2-49)等式右边得到 t_k 时刻的 TM 影像 $L'(x_i, y_i, t_k)$。

$$L(x_{w/2}, y_{w/2}, t_k) = \sum_{i=1}^{w} \sum_{j=1}^{w} \sum_{k=1}^{n} W_{ijk} \times [M(x_i, y_i, t_k) - M(x_i, y_i, t_0) + L(x_i, y_i, t_0)]$$

$$(2\text{-}49)$$

第三步，求 t_k 时刻 TM 真值和计算值的差 $L(x_i, y_i, t_k) - L'(x_i, y_i, t_k)$，其差根据式(2-50)对初始值 $L^{(0)}(x_i, y_j, t_0)$ 继续修正。

$$L^{(1)}(x_i, y_j, t_0) = L^{(0)}(x_i, y_j, t_0) + S[L(x_i, y_i, t_k) - L'(x_i, y_i, t_k)]$$

$$(2\text{-}50)$$

式中：$S = \dfrac{E_b^2 \sum\limits_{k=1}^{n} w_k}{E_o^2 + E_b^2 \sum\limits_{k=1}^{n} w_k}$ 是对估计值的权重分配函数式；

$E_o^2 = \langle \varepsilon_o^2(r) \rangle$ 是观测值的误差方差；

$E_b^2 = \langle \varepsilon_b^2(r) \rangle$ 是背景值的误差方差；

$w(r_i, r_j) = \exp\left(-\dfrac{d_{ij}^2}{2R^2}\right)$ 中的 d_{ij} 表示时间差异 $T_{ijk} = |M(x_i, y_j, t_k) - M(x_i, y_j, t_0)|$。

第四步，式(2-50)仅仅讨论了首次预测值，现在考虑多次校正，使之逼近准真实值。

$$L^{(2)}(x_i, y_j, t_0) = L^{(1)}(x_i, y_j, t_0) + S[L(x_i, y_i, t_k) - L''(x_i, y_i, t_k)]$$

$$(2\text{-}51)$$

……

$$L^{(a+1)}(x_i, y_j, t_0) = L^{(a)}(x_i, y_j, t_0) + S[L(x_i, y_i, t_k) - L^{''\cdots'}(x_i, y_i, t_k)] \quad a \in \mathbf{N}^+$$

$$(2\text{-}52)$$

判断结果的验后方差 $E^+ = \langle \varepsilon_b^2(r) \rangle$ 是否不超过先验方差 $E^- = \langle \varepsilon_b^2(r) \rangle$：

是：继续迭代；否：终止迭代；

完毕。

2.5.3 流程图示意图

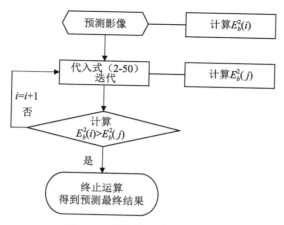

图 2-8　优化迭代方法流程图

2.5.4　模型分析

1）权重因子 W 影响因素分析：权重因子取决于距离权重函数 w_{ij} 与误差方差 $E^2 = \langle \varepsilon^2 \rangle$。搜索半径决定距离权重函数，搜索半径 R 越小，w_{ij} 越大［见式(2-36)］。当背景值误差方差和观测值误差方差都很小，W 在迭代过程中恒定；另一种情况，由于观测值误差方差是不变的，背景值误差方差呈递减趋势，W 随之递减达到一定值后恒定。

2）同化算法在预测结果的同时，模型不断修正权值以优化预测值，这里采用验后方差作为度量指标。例如，在第三次迭代之后，验后方差开始大于本次的先验方差，说明迭代次数不应超过 2。

3）二维影像时序观测误差和背景误差 E_o^2、E_b^2 的计算：对于二维时序图像可以考虑用以下方式进行，将其看作一维时序构成的矩阵，再计算误差方差矩阵。

4）关于 W 在迭代过程中是否改变的讨论。本书所用的搜索半径 R（或称影响半径）并没有发生改变，观测点个数和位置不变：$i,j \in [1, \cdots, N]$，由于背景值误差方差和观测值误差方差都很小，W 在迭代过程中可认为是恒定的。

5）决定的相关变量发生收敛的条件、速度和收敛值都是可以变化的，而搜索半径可以直接影响收敛速度，半径减小速度加快。

2.6　仿真实现

为了评估所提出的算法的有效性及性能，本书设计了一套仿真图测试策略：

1）根据不同地表特征生成数字仿真 NDVI 图像；

2）设置不同参数优化算法；

3）遥感 NDVI 影像测试(0—1)；

4）迭代多次结果比较。

2.6.1　可行性验证

下面针对不同对象与策略下的试验结果，并逐一进行分析与比较。

2.6.1.1　测试步骤 1：不同地表特征仿真实现

结合地表变化特征，设计一组 MODIS 和 TM 的 NDVI 仿真影像。通过仿真图试验，总结规律，归纳问题，为后续实景遥感影像测试提供适选参数和先验知识，测试目标如下。

1）已知不同时相影像，获得理想状况下的 TM 预测影像（见图 2-9）。

图 2-9 为在真实影像 $TM(t_2)$ 缺失的情况下，通过动态优化时空自适应算法(OSTARFM)生成合成影像。通过与参考图像的比较，从合成影像的绝对误差影像［见图 2-9(i)］可以看出，80% 以上的区域像素灰度值误差接近于 0。

2）已知影像上有地物尺寸变化下，或地物边界变化后，获得 TM 合成影像（见图 2-10）。

图 2-10 为在真实影像 $TM(t_2)$ 未知的情况下，通过动态优化时空自适应算法

(OSTARFM)生成合成影像作为真实影像的替代影像,通过绝对误差影像[见图 2-10(h)]可以看出,80%以上的区域像素灰度值误差接近于 0。

3)已知影像上点、线、面均具有,获得不同地物类型下 TM 合成影像(见图 2-11)。

图 2-11 为在真实影像 TM(t_2)未知的情况下,通过动态优化时空自适应算法(OSTARFM)生成合成影像作为真实影像的替代影像,通过绝对误差影像[见图 2-11(h)]可以看出,80%以上的区域像素灰度值误差接近于 0。

由图 2-9、图 2-10、图 2-11 得出以下结论:

应用三类仿真图像,对本书的算法进行验证,结果非常理想,试验表明:动态优化时空自适应算法在理论建立方面是正确可行的,在地表存在动态变化或是点、线、面均有的理想状况下试验结果是有效的。

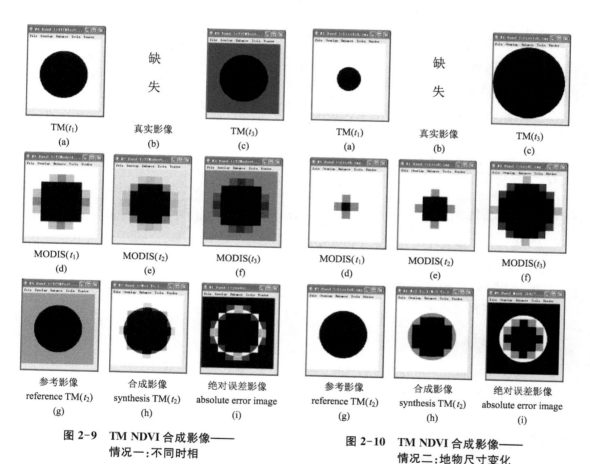

图 2-9　TM NDVI 合成影像——
情况一:不同时相

图 2-10　TM NDVI 合成影像——
情况二:地物尺寸变化

2.6.1.2　测试步骤 2:参数设置

通过设置不同的参数,归纳结果的变化规律,最终取得一组能够较好实现算法效果的设置参数(表 2-4)。这里为了对合成影像进行更好的评估,对结果显示进行 Linear 2%拉伸处理。

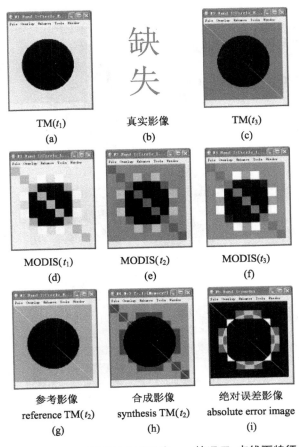

图 2-11　TM NDVI 合成影像——情况三：点线面特征

表 2-4　仿真试验结果清单

按窗口分类	参考影像	合成影像	绝对误差	相对误差	局部放大	绝对误差
$W=3, T=0.1$	图 2-12(a)	图 2-12(b)	图 2-12(c)	图 2-12(d)	图 2-13(a)	图 2-14(a)
$W=7, T=0.1$	图 2-12(e)	图 2-12(f)	图 2-12(g)	图 2-12(h)	图 2-13(b)	图 2-14(b)
$W=11, T=0.1$	图 2-12(i)	图 2-12(j)	图 2-12(k)	图 2-12(l)		
$W=15, T=0.1$	图 2-12(m)	图 2-12(n)	图 2-12(o)	图 2-12(p)		
按阈值分类	参考影像	合成影像	绝对误差	相对误差	局部放大	绝对误差
$W=3, T=3$	图 2-15(a)	图 2-15(b)	图 2-15(c)	图 2-15(d)	图 2-16	图 2-17(a)
$W=3, T=1$	图 2-15(e)	图 2-15(f)	图 2-15(g)	图 2-15(h)		图 2-17(b)
$W=3, T=0.1$	图 2-15(i)	图 2-15(j)	图 2-15(k)	图 2-15(l)		
$W=3, T=0.01$	图 2-15(m)	图 2-15(n)	图 2-15(o)	图 2-15(p)		

注：$W=$ window size 表示窗口尺寸，$T=$ threshold value 表示阈值

图 2-12 是不同参数设置下，合成影像的效果变化。

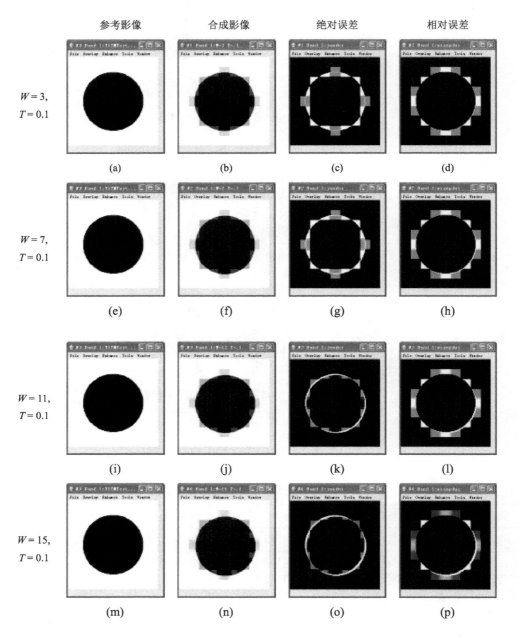

图 2-12　TM NDVI 合成影像及误差影像——参数设置:窗口尺寸变化

注:W=window size 表示窗口尺寸,T=threshold value 表示阈值

由图 2-12 可见阈值不变时窗口尺寸变化对合成影像的影响。合成影像为第二列,通过绝对误差影像可以看出,80%以上的区域像素灰度值误差接近于 0。

从图 2-12 中也可以看到,合成影像在边缘区域存在误差,故将合成影像的局部放大进行观察(见图 2-13)。

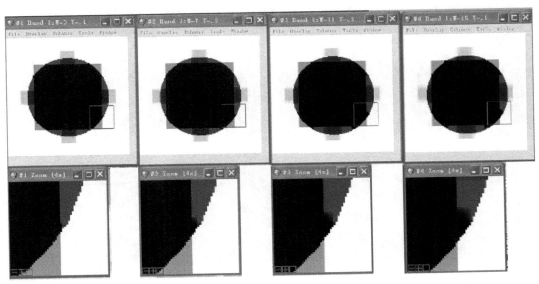

（a）合成影像——窗口尺寸变化整体图和局部放大图Ⅰ　$T=0.1$，$W=3,7,11,15$

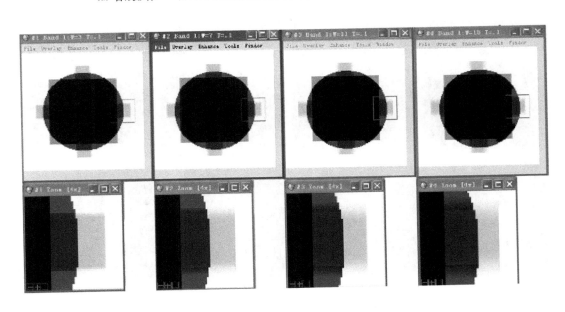

（b）合成影像——窗口尺寸变化整体图和局部放大图Ⅱ　$T=0.1$，$W=3$，7，11，15

图 2-13　合成影像——窗口尺寸变化整体图和局部放大图（$T=0.1$，$W=3$，7，11，15）

如图 2-13 所示为随窗口尺寸变化，合成影像的局部显示。从图 2-13（a）中角点处可以观察到，随着窗口设置增大，分辨率越来越低，出现晕化现象。从图 2-13（b）中色调变化带可以观察到，随着窗口设置增大，图像由清晰到模糊。

图 2-14 从绝对误差影像的角度对同样一组合成影像进行分析。

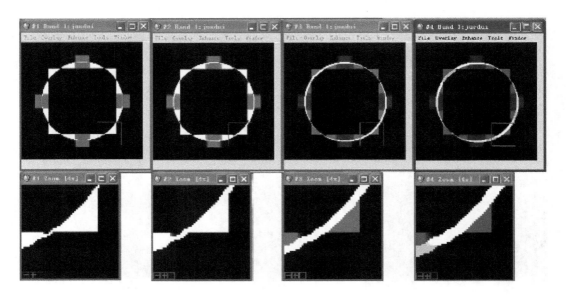

（a）绝对误差影像——窗口尺寸变化整体图和局部放大图Ⅰ　$T=0.1$，$W=$ 3，7，11，15

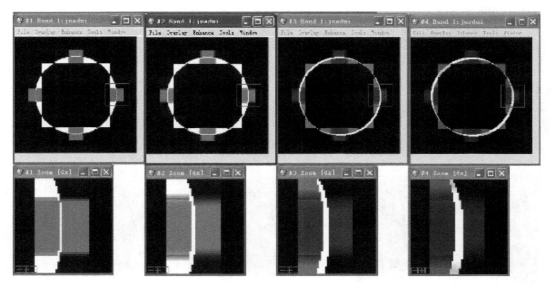

（b）绝对误差影像——窗口尺寸变化整体图和局部放大图Ⅱ　$T=0.1$，$W=$ 3，7，11，15

0.0　　　　　　　　　　　　　　　0.4

图 2-14　绝对误差影像——窗口尺寸变化整体图和局部放大图（$T=0.1$，$W=$ 3，7，11，15）

　　如图 2-14 所示为随窗口尺寸变化，合成影像的绝对误差影像局部显示。从图 2-14（a）中角点处可以观察到，随着窗口设置增大，绝对误差非零区域逐渐扩大，表现为裂隙增大。从图 2-14（b）中色调变化带可以观察到，随着窗口设置增大，图像由清晰到模糊，取窗口尺寸大小 $W=3$ 时，图像准确性最好。

因此,取最佳窗口尺寸设置 $W=3$ 作为固定值,开展阈值的后续测试,如图 2-15 所示。

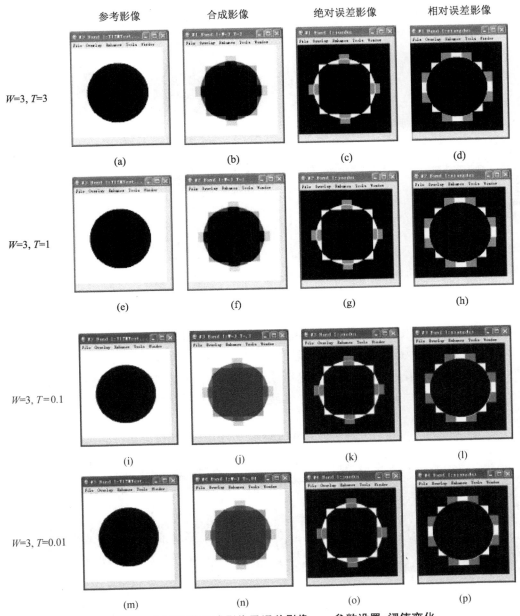

图 2-15　TM NDVI 合成影像及误差影像——参数设置:阈值变化

注:$W=$ window size 表示窗口尺寸,$T=$ threshold value 表示阈值

　　图 2-15 所示为窗口尺寸不变,阈值变化对合成影像的影响。合成影像为第二列,通过绝对误差影像可以看出,80%以上的区域像素灰度值误差接近于 0。

　　从图 2-15 中也可以看到,合成影像在边缘区域存在误差,故将合成影像的局部放大进行观察(图 2-16)。

　　如图 2-16 所示为随阈值变化,合成影像的局部显示。从图 2-16 中可以观察到,随着阈

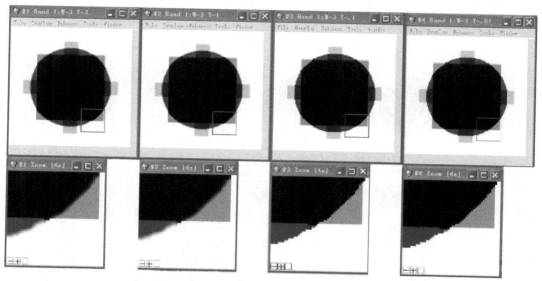

图 2-16 合成影像——阈值变化整体图和局部放大图($W=3$，$T=3$，1，0.1，0.01)

值设置细化，分辨率提高，边缘变得更加清晰。

图 2-17 从绝对误差影像的角度对同样一组合成影像进行分析。

如图 2-17 所示为随阈值变化，合成影像的绝对误差影像局部显示。从图 2-17(a)中角点处可以观察到，随着阈值设置细化，绝对误差非零区域逐渐扩大，图 2-17(b)表现为裂隙增大，取阈值大小 $T=0.01$ 时，图像准确性最好。

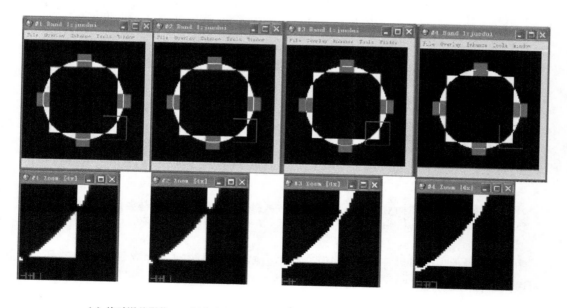

(a) 绝对误差影像——阈值变化整体图和局部放大图Ⅰ　$W=3$，$T=3$，1，0.1，0.01

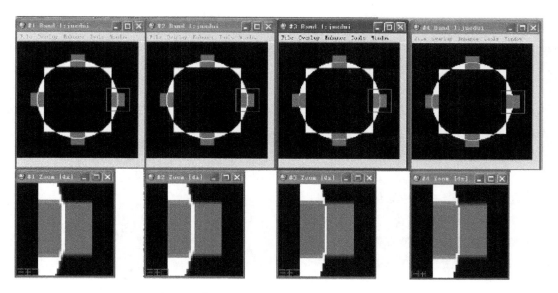

（b）绝对误差影像——阈值变化整体图和局部放大图Ⅱ $W=3$，$T=3$，1，0.1，0.01

图 2-17 绝对误差影像——阈值变化整体图和局部放大图($W=3$, $T=3$, 1, 0.1, 0.01)

为了定量研究误差，将上述合成影像的误差列表（见表 2-5）说明。

表 2-5 仿真试验结果分析表

按窗口分类	绝对误差	相对误差
$W=3$，$T=0.1$	[0, 0.000 7]80.06% [0.000 7, 0.183 3]19.94%	[0, 0.000 3]88.64% [0.003, 0.916 7]11.36%
$W=7$，$T=0.1$	[0, 0.000 7]80.01% [0.000 7, 0.183 3]19.99%	[0, 0.000 3]88.61% [0.003, 0.916 7]11.39%
$W=11$，$T=0.1$	[0, 0.007]79.96% [0.000 7, 0.183 3]20.04%	[0, 0.003]88.57% [0.003, 0.916 7]11.43%
$W=15$，$T=0.1$	[0, 0.000 7]79.89% [0.000 7, 0.183 3]20.111%	[0, 0.003]88.51% [0.003, 0.916 7]11.49%
按阈值分类	绝对误差	相对误差
$W=3$，$T=3$	[0, 0.000 6]80.05% [0.000 6, 0.153 526]19.95%	[0, 0.003]88.67% [0.003, 0.767 631]11.33%
$W=3$，$T=1$	[0, 0.000 6]80.05% [0.000 6, 0.153 526]19.95%	[0, 0.003]88.67% [0.003, 0.767 631]11.33%
$W=3$，$T=0.1$	[0, 0.000 6]80.05% [0.000 6, 0.153 526]19.95%	[0, 0.003]88.65% [0.003, 0.916 667]11.35%
$W=3$，$T=0.01$	[0, 0.000 6]80.05% [0.000 6, 0.153 526]19.95%	[0, 0.003]88.65% [0.003, 0.9166 67]11.35%

注：方括号内为误差范围的上下限，其后为像素数量百分比。

从误差列表 2-5 可以看到,边缘带绝对误差和相对误差从视觉上观察比较显著,但从定量分析可以得知 80% 以上的像素绝对误差不超过 0.000 6,且 88% 以上的像素相对误差不超过 0.003。

由试验图及仿真试验结果分析表得出以下结论:

1) 从试验结果图来看,合成影像与参考影像相比,结果的背景部分和图像非边缘部分表现总体较好,边缘带存在少量误差。

2) 为了定量评价误差,可以从结果分析表中,得到对误差进行的定量描述,边缘带的绝对误差和相对误差从视觉上观察比较显著,但 88% 以上的像素相对误差不超过 0.003,因此认为边缘误差不影响合成影像整体效果。

3) 从试验结果图来看,适合的参数值为 $W = 3$,$T = 0.01$。 这时,边缘误差较小。下面将以该阈值范围作为模型参数。

2.6.1.3 测试步骤 3:遥感影像

本小节以北京市遥感实景影像为测试对象,分别从北京通州、大兴截取两个耕地地块作为样本影像,进行 OSTARFM 算法测试,本次结果为未经迭代的初始合成影像。

表 2-6 测试步骤 3 中合成影像清单

样本	影像说明		
样本 I	TM-4 月 图 2-18(a)	TM-5 月 图 2-18(b)	TM-6 月 图 2-18(c)
	MODIS-4 月 图 2-18(d)	MODIS-5 月 图 2-18(e)	MODIS-6 月 图 2-18(f)
	合成影像 Predicted TM/ 5 月 图 2-18(g)	绝对误差影像 absolute error image 图 2-18(h)	相对误差影像 relative error image 图 2-18(i)
样本 II	TM-4 月 图 2-19(a)	TM-5 月 图 2-19(b)	TM-6 月 图 2-19(c)
	MODIS-4 月 图 2-19(d)	MODIS-5 月 图 2-19(e)	MODIS-6 月 图 2-19(f)
	合成影像 synthetic TM/ 5 月 图 2-19(g)	绝对误差影像 absolute error image 图 2-19(h)	相对误差影像 relative error image 图 2-19(i)
局部图 I	参考影像 reference image 图 2-20(a)	合成影像 synthetic image 图 2-20(b)	多光谱影像 multi-spectral image 图 2-20(c)
局部图 II	参考影像 reference image 图 2-21(a)	合成影像 synthetic image 图 2-21(b)	多光谱影像 multi-spectral image 图 2-21(c)

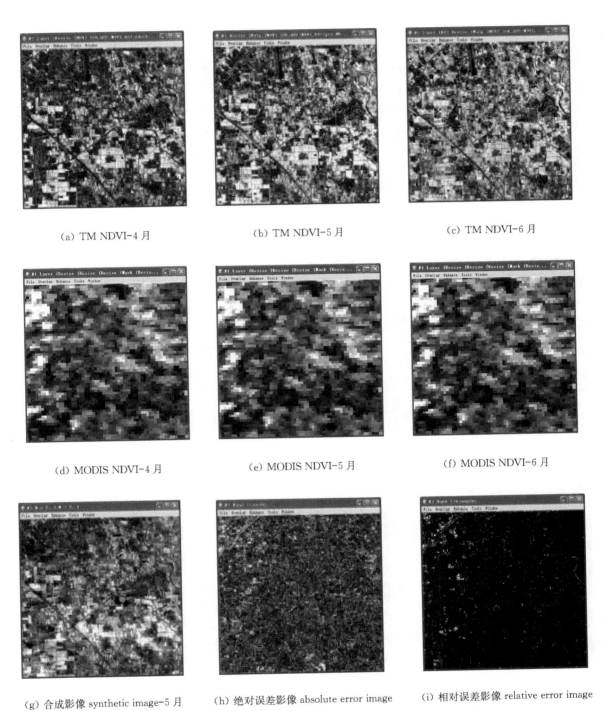

（a）TM NDVI-4 月　　　　　（b）TM NDVI-5 月　　　　　（c）TM NDVI-6 月

（d）MODIS NDVI-4 月　　　　（e）MODIS NDVI-5 月　　　　（f）MODIS NDVI-6 月

（g）合成影像 synthetic image-5 月　　（h）绝对误差影像 absolute error image　　（i）相对误差影像 relative error image

图 2-18　TM NDVI 合成影像——样本 I

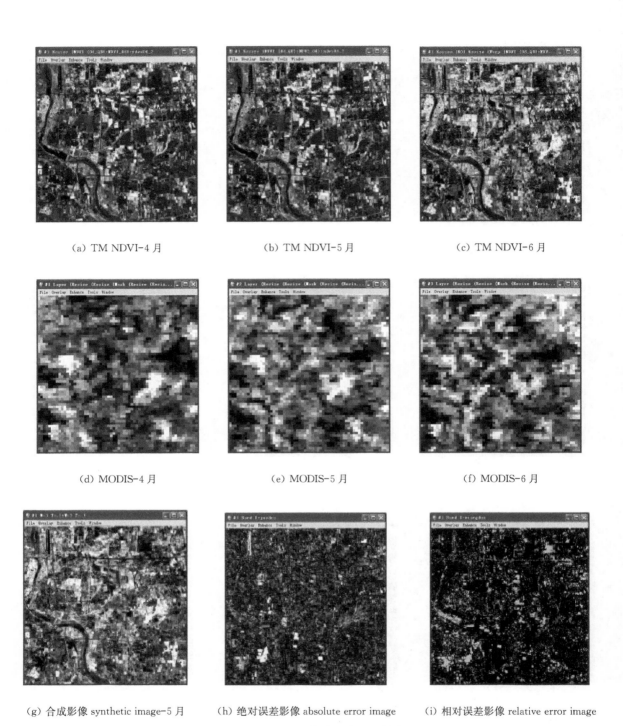

（a）TM NDVI-4 月　　　　　　（b）TM NDVI-5 月　　　　　　（c）TM NDVI-6 月

（d）MODIS-4 月　　　　　　　（e）MODIS-5 月　　　　　　　（f）MODIS-6 月

（g）合成影像 synthetic image-5 月　（h）绝对误差影像 absolute error image　（i）相对误差影像 relative error image

图 2-19　TM NDVI 合成影像——样本 Ⅱ

　　下面对结果进行主观评价，为了对合成影像进行细节分析，对北京局部地区进行放大。从样本 Ⅰ 中选取水域和农田进行细节考察。

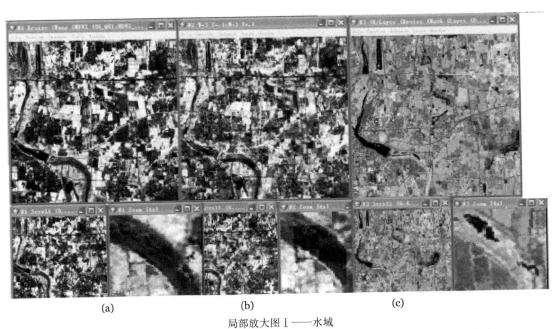

(a) 　　　　　　　　　　　　(b) 　　　　　　　　　　　　(c)

局部放大图Ⅰ——水域

（a）参考影像　　　　　（b）合成影像　　　　　（c）多光谱影像作为参照图（3-4-7 波段组合）

reference image　　　　　synthetic image　　　　　multi-spectral image（band 3、band 4、band 7）

图 2-20　TM NDVI 合成影像局部——水域

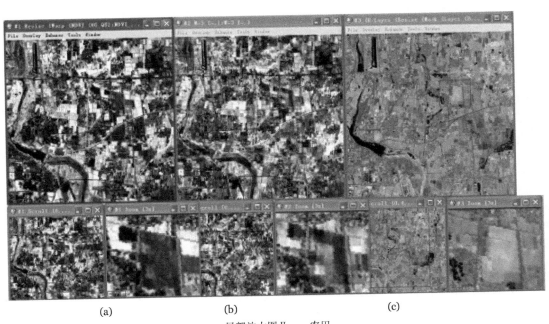

(a) 　　　　　　　　　　　　(b) 　　　　　　　　　　　　(c)

局部放大图Ⅱ——农田

（a）参考影像　　　　　（b）合成影像　　　　　（c）多光谱影像作为参照图（3-4-7 波段组合）

reference image　　　　　synthetic image　　　　　multi-spectral image（band 3、band 4、band 7）

图 2-21　TM NDVI 合成影像局部——农田

　　首先对结果进行主观评价,研究地区在全局可以达到中分辨率影像水平,但在局部地区既存在问题也有显著的优势,从局部图 2-20 可以看到,在河床部位有斑块,分析原因,是由MODIS 影像的分辨率较粗造成局部处理效果不理想,可考虑在局部进行自适应性调整MODIS 权重因子。而在农田部分(见图 2-21),农田部分原图光谱较弱,进行合成之后,光谱较清楚,农田地块边界清晰可辨。

　　为了定量研究误差,将上述合成影像的绝对误差值显示如下(图 2-22)。

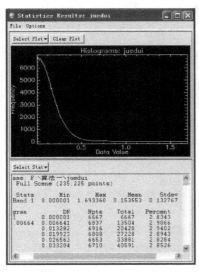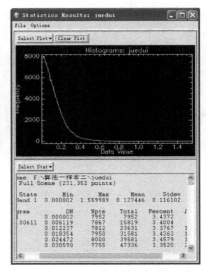

(a) 样本 1　　　　　　　　　　　　　　　　(b) 样本 2

图 2-22　结果客观评价——绝对误差值统计

　　为了定量评价合成结果,对绝对误差值进行统计分析,从图 2-22 中得知:样本 1、样本 2结果的绝对误差均值在 0.12～0.15,绝对误差介于[0, 0.5]的像素占 97% 以上。误差方差为0.1,比较稳定。

　　以上数据显示,结果与真值的绝对偏离相差较小,结果比较准确。

　　由试验图结果(图 2-18～图 2-22)得出以下结论:

　　1) 从目视角度进行主观评价,结果整体较好,较 STARFM 算法结果有显著的优势。从局部图(图 2-20)可以看到,在河床部位有斑块,分析原因,是由 MODIS 影像的斑块造成局部处理效果不理想,可考虑在局部进行自适应性调整 MODIS 权重因子。而在农田部分,基本没有任何合成之后的影响。从局部图(图 2-21)可看到,农田部分原来光谱较弱,进行合成之后,结果光谱较原来清晰。

　　2) 为了定量评价合成结果,对结果绝对误差值进行统计分析,从图 2-22 中得知:样本1、样本 2 结果的绝对误差均值在 0.12～0.15,绝对误差介于[0, 0.5]的像素占 97% 以上。误差方差为 0.1,比较稳定。

2.6.1.4　测试步骤 4:迭代结果—遥感影像

　　输入数据:TM - 4 月、TM - 6 月,MODIS - 4 月、MODIS - 5 月、MODIS - 6 月 NDVI 影像(见图 2-23);

输出数据：初始 TM 合成影像-5 月、第 N 次迭代 TM 合成影像-5 月（见图 2-24）。

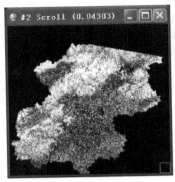

(a) TM-4 月　　　　　　(b) TM-5 月　　　　　　(c) TM-6 月

(d) MODIS-4 月　　　　　(e) MODIS-5 月　　　　　(f) MODIS-6 月

图 2-23　输入影像文件

(a) TM 合成影像样本
（水域)synthesis TM-
sample 1(river area)

(b) TM 合成影像样本 1
绝对误差影像
absolute error
image for synthesis
TM-sample 1

(c) 第 N 次迭代后的
TM 合成影像样本 1
绝对误差影像
absolute error
image for synthesis
TM after N iterations-
sample 1

(d) TM 参考影像样本 1
reference TM-
sample 1

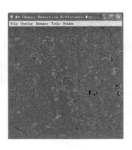

（e）TM 合成影像样本 2
（机场）synthesis TM-
sample 2（airport）

（f）TM 合成影像样本 2
绝对误差影像
absolute error
image for synthesis
TM-sample 2

（g）第 N 次迭代后的
TM 合成影像样本 2
绝对误差影像
absolute error
image for synthesis
TM after N iterations-
sample 2

（h）TM 参考影像样本 2
reference TM-
sample 2

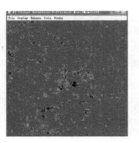

（i）TM 合成影像样本 3
（作物区）
synthesis TM-
sample 3（crop area）

（j）TM 合成影像样本 3
绝对误差影像
absolute error
image for synthesis
TM-sample 3

（k）第 N 次迭代后的
TM 合成影像样本 3
绝对误差影像
absolute error
image for synthesis
TM after N iterations-
sample 3

（l）TM 参考影像样本 3
reference TM-
sample 3

图 2-24　输出影像文件及误差影像

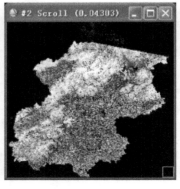

（a）TM 合成影像
synthesis TM

（b）第 N 次迭代后的 TM 合成影像
synthesis TM after N iterations

（c）TM－5 月
TM-May

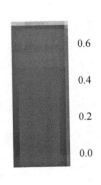

(d) 图(a)误差影像　　　　　　　　(e) 图(b)误差影像

图 2-25　样本区合成影像及误差影像

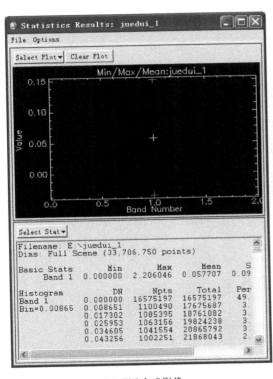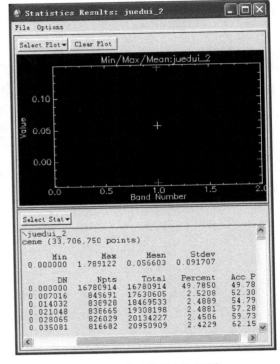

(a) TM 合成影像　　　　　　　　(b) N 次迭代后的 TM 合成影像

图 2-26　结果客观评价——绝对误差值统计

为了定量评价合成结果,对绝对误差值进行统计分析,从图 2-26 中得知:

TM 合成影像结果的绝对误差均值在 0.057 左右,绝对误差为[0,0.1]范围内的像素占 81%。误差方差为 0.1,比较稳定。将迭代前后的结果进行定量分析,迭代之后结果的误差均值较原来略有降低,误差上下限较原来有所缩小。

以上数据显示,迭代之后结果与真值的绝对偏离相差较小,结果比较准确。

通过目视结果和仿真试验结果分析表综合分析,可行性分析结论如下:

1) 从目视效果上看(图2-24、图2-25),第 N 次迭代结果比初始估计值的光谱值更逼近真实值。

2) 为了定量评价合成结果,对绝对误差影像(图2-25)进行统计分析(图2-26),迭代第 N 次后的结果和初始估计值相比,其结果与真实值更加逼近,与上面结论一致。

3) 对迭代前后的结果进行定量分析,迭代之后结果的误差均值较原来略有降低,误差上下限较原来有所缩小。

2.6.2 有效性验证

本节的目标有两个:一是确定迭代最佳次数 N,依据准则验后方差 $E^+ = \langle \varepsilon_b^2(r) \rangle$ 不超过先验方差 $E^- = \langle \varepsilon_b^2(r) \rangle$;二是评价多次迭代后的合成影像,同步得到的误差方差。本节采用绝对误差曲线图表的形式,表现动态时空自适应算法的精度(表2-7、图2-27)。

表 2-7 误差方差随迭代次数的变化规律

迭代次数 N	样本 I		样本 II	
	误差方差	$E_b(i-1)-E_b(i)$	误差方差	$E_b(i-1)-E_b(i)$
$E_b(0)$	0.116 102	—	0.132 767	—
$E_b(1)$	0.110 518	0.005 584	0.128 082	0.004 685
$E_b(2)$	0.110 764	−0.000 246	0.128 404	−0.000 322
$E_b(3)$	0.110 995	−0.000 231	0.128 689	−0.000 285

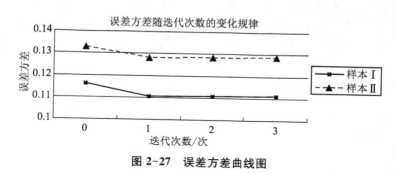

图 2-27 误差方差曲线图

从表2-7、图2-27中都可以得到,第1次迭代后,误差方差开始递增,因此迭代一次完成该试验图的优化估计。

通过对仿真试验结果分析表综合分析,得到有效性分析结论如下:

结论1:迭代函数表达式不同,收敛的速度也不同。本节采用最优权重分配式保证迭代过程收敛;作为约束收敛的判断条件,这里采用验后方差作为度量指标(对照表2-7),第二次迭代后验后方差增大,且误差方差随迭代次数增加不断降低,说明迭代次数不应超过1。

结论2:本书所用的搜索半径 R(或称影响半径)并没有发生改变。事实上,收敛的条件、收敛速度和收敛值都是可以变化的,而搜索半径可以直接影响收敛速度,半径减小速度加快。

2.7 几种遥感影像时空融合方法

时空融合(spatio-temporal fusion)技术本质上是由已知像对的时间相关性预测插补出高时间分辨率和空间分辨率的图像,前提是已知像对为同质、同期的时序影像对。目前,已有超过 50 个时空融合算法[9, 12, 13, 18, 24-33]。从技术上讲,常见的遥感数据时空融合方法大体分为三类:基于时空滤波的融合方法、基于混合像元分解的融合方法、基于学习的时空融合方法(表 2-8)。

表 2-8 常见的遥感数据时空融合方法

类别	算法名称	适用性
基于时空滤波的融合方法	时空自适应反射率融合模型(spatial and temporal adaptive reflectance fusion model,STARFM)[12]	无法探测发生土地覆盖类型变化或物候变化(例如植被的季节性变化)的场景,需要至少一景高分辨率影像
	映射反射率变化的时空自适应算法(spatial temporal adaptive algorithm for mapping reflectance change,STAARCH)[26]	可以探测发生土地覆盖类型变化或物候变化(例如植被的季节性变化)的场景。借助"缨帽变换",对变化区域的空间预测精度能够达到 87%~89%,需要至少二景高分辨率影像
	增强时空自适应反射率融合模型(enhanced STARFM,ESTARFM)[32]	更适合异质区域、瞬态事件(例如森林大火)或土地覆盖类型的变化的场景,需要至少二景高分辨率影像
	时空自适应植被指数融合模型(spatial and temporal adaptive vegetation index fusion model,STAVFM)[9]	在 STARFM 基础上用于插补 NDVI 影像,无法探测发生土地覆盖类型变化或物候变化(例如植被的季节性变化)的场景,需要至少一景高分辨率影像
基于混合像元的融合方法	基于约束分解的数据融合方法(constrained unmixing-based data fusion approach)[33]	可以探测发生土地覆盖类型变化或物候变化(例如植被的季节性变化)的场景,适用于异质区域。该方法需要优化两个参数:用于对 TM 图像进行分类的类数以及用于求解混合方程的"窗口"的大小。需要至少一景高分辨率影像
	时空反射率解混模型(spatial and temporal reflectance unmixing model,STRUM)[18]	是一种基于 STARFM 和 Unmixing 混合算法的方法,克服了 STARFM 对时间变化的敏感,基于先验光谱信息的贝叶斯公式,需要至少一景高分辨率影像
	基于解混的时空反射率融合模型(unmixing-based spatio-temporal reflectance fusion model,U-STFM)[13]	可以探测发生土地覆盖类型变化或物候变化(例如植被的季节性变化)的场景,需要至少一景高分辨率影像
	灵活时空融合模型(flexible spatio-temporal data fusion model,FSDAF)[31]	可以探测发生土地覆盖类型变化或物候变化(例如植被的季节性变化)的场景,可以预测土地的逐步变化和土地覆被类型的变化,需要至少一景高分辨率影像

类别	算法名称	适用性
基于混合像元的融合方法	改进的灵活时空融合模型（improved flexible spatio-temporal data fusion, IFSDAF)[28]	继承了 FSDAF 算法的优点，通过线性解混产生时间相关的增量，并通过薄板样条插值产生空间相关的增量。然后，通过使用约束最小二乘法对这两个增量进行最佳组合最终预测。适用于预测较大空间异质性和有明显的土地覆盖变化的区域，更适用于云量小于 70%的多云区域。需要至少二景高分辨率影像
基于学习的时空融合方法	混合颜色映射方法（hybrid color mapping approach, HCM)[27]	适用于预测同质地区。基于深度学习映射 MODIS 图像之间的关系，需要至少一景高分辨率影像
	基于稀疏表达的时空反射率融合模型（sparse representation-based spatio-temporal reflectance fusion model, SPSTFM)[25]	解决双向反射分布函数（BRDF）中尺度差异问题。将学习到的映射信息引入训练模型参数中，训练字典对需要更长的计算时间。需要至少二景高分辨率影像
	基于 SSF 和 STF 方法的统一融合方法（unified fusion based on SSF and STF method)[13]	不适用于异质区域影像预测。综合 SSF 和 STF 两种方法，基于贝叶斯先验理论、最大后验解和参数估计，需要至少二景高分辨率影像
	基于正则化空间解混技术的时空数据融合方法（spatial and temporal data fusion technique based on a regularized spatial unmixing, RSpatialU)[30]	适用于探测发生土地覆盖类型变化或物候变化（例如植被的季节性变化）的场景。基于解混技术，但加入了先验类波谱信息。需要至少一景高分辨率影像
	分层时空自适应融合模型（hierarchical spatio-temporal adaptive fusion model, HSTAFM)[24]	可以准确捕获季节性物候变化和土地覆盖类型变化。将稀疏表示技术结合到物理融合过程中，提出了时间变化的先验检测和相似像素的两级选择策略，以确保时间变化信息的准确捕获。需要至少一景高分辨率影像

首先，基于混合像元分解的融合方法由 Zhukov 等人[11]首次提出，后经 Minghelli-Roman 等人[34]、Zurita-Milla 等人[33]、Gevaert 和 García-Haro[18]多次论证和改进。解决此问题的思路是首先采用超分辨率技术提高 MODIS 数据的空间分辨率，再与原始 Landsat 数据融合。随着高分辨率重建技术的成熟，该方法已发展成为一种较为成熟的时空融合模型，该类方法主要适用于地物空间边缘无明显变化，只存在于内部属性信息变化的情况。

其次，基于时空滤波的融合方法最为流行，应用范围也较广。在 Gao 等[12]的研究基础上，Zhu 等[31]、Shen 等[35]、Wu 等[36-37]不断创新改进，不断形成了基于时空滤波的融合方法体系。该类方法框架简单，一般通过辅助多源、多时相遥感数据进行数学加权运算，并利用移动窗口内相似像元预测融合影像。代表性方法有 Huang[13]的时空自适应反射率融合模型、Zhu 等[31]的增强时空自适应反射率融合模型、刘慧琴等[38]的非局部滤波方法等,该类方法的预测准确性与景观异质性敏感相关。例如,时空自适应反射率融合模型(STARFM)对于图像融合是可行且高效的,因为它仅需要一对粗略和精细参考图像。但是它在异质土地覆盖区域中的性能有限[12]。而增强 STARFM(ESTARFM)在异质土地覆盖区域的效果更好,它至少需要两对粗糙的和精细的参考图像,ESTARFM 方法预测的图像中存在伪影[31]。

最后,基于学习的时空融合方法正引起国内外学者的广泛关注,Huang 和 Song[13-14]根据稀疏表达理论,通过学习不同时相影像数据之间的变化规律,预测未知影像,其被证明能很好地预测出地物类型的变化。Ge[25]提出一种基于稀疏表达的时空反射率融合模型(SPSTFM),采用空间增强方法引入字典学习和稀疏矩阵的编码过程,促进多光谱(GF - 2 MS)和广角视野(GF - 1 WFV)数据的融合。该类方法于近年才兴起,其普适性仍待进一步验证。总的来说,遥感数据时空融合技术已经取得较大的进展,并有望得到更广泛的应用。然而,针对时间序列地物影像变化较大或数据缺失严重等问题,至今还没有完全解决,仍然值得进一步深入研究[39]。

下面,比较基于混合像元分解的融合方法、基于时空滤波的融合方法、基于学习的融合方法这三种方法在理论和适用性方面的差异,每种类型介绍一个典型算法,主要展现关键技术和理论。

2.7.1　基于混合像元分解的融合方法典型代表:IFSDAF 算法[28]

在 IFSDAF 算法中,输入数据包括若干对在同一时期获得的低分辨率和高分辨率 NDVI 产品,其中至少有一对完全不含云,以及一期在 t_p 获取的低分辨率 NDVI 产品,输出数据包括在 t_p 处预测的高分辨率 NDVI 产品。IFSDAF 的执行过程主要分为五个步骤(图2-28):通过分类器对对应位置的高低分辨率像素值进行线性解混,得到共 c 类地物随时间

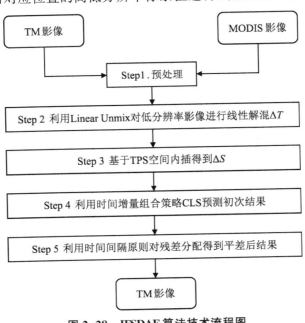

图 2-28　IFSDAF 算法技术流程图

变化 ΔT 的反射率 R；使用薄板样条（thin plate spline，TPS）空间插值技术根据低分辨率 NDVI 产品时序内插得到基于空间的增量 ΔS；基于约束最小二乘理论（constrained least squares，CLS）建立加权增量的目标函数，此外，由粗糙分辨率对应像素求解估算的 w_S 和 w_T 值，最后计算高分辨率影像经过时空增量组合优化后的像素增量；对已知的低分辨率影像增量和估算的高分辨率影像增量的差进行残差分配，使得误差按时间间隔原则分配到不同像素上；根据优化过的 n 期 NDVI 高分辨率影像，F_0，$\cdots$，F_n，配合参数 w_S 和 w_T 值，得到 t_2 时刻的高分辨率图像的最终预测 F_p。

2.7.1.1 分类矩阵解混

对高分辨率影像的像素根据变化检测情况做分类，确定对应波段的变化像素位置。根据低分辨率影像对的变化情况和高分辨率影像对的变化情况构建分类矩阵，对某一波段表达如下：

$$
\begin{bmatrix} \Delta C(1, 1) \\ \vdots \\ \Delta C(x, y) \\ \vdots \\ \Delta C(n, n) \end{bmatrix} = \begin{bmatrix} f_1(1, 1) & f_2(1, 1) & \cdots & f_l(1, 1) \\ \vdots & \vdots & & \vdots \\ f_1(x, y) & f_2(x, y) & \cdots & f_l(x, y) \\ \vdots & \vdots & & \vdots \\ f_1(n, n) & f_2(n, n) & \cdots & f_l(n, n) \end{bmatrix} \begin{bmatrix} \Delta F_1 \\ \vdots \\ \Delta F_c \\ \vdots \\ \Delta F_l \end{bmatrix}, \quad (2\text{-}53)
$$

$$
\text{with s.t. } \min(\Delta C_{window}) - std(\Delta C_{window}) \leqslant \Delta F_c \leqslant \max(\Delta C_{window}) + std(\Delta C_{window})
$$

式中：$\Delta C(x, y, b)$ 和 $\Delta F_c(b)$ 为低分辨率影像和高分辨率影像在 b 波段像素位置(x, y)属于 c 类地物的反射率随时间变化（在 t_1 和 t_2 之间，地物类别数量为 l）。$f(x, y)$ 为分类矩阵系数。

从理论上讲，为了求解 $\Delta F_c(b)$ 至少需要 1 个方程。假定所有粗糙像素之间每个类别的时间变化都相同，可以选择 $n(n>1)$ 个低分辨率像素组成线性混合方程组，可以通过等式的反演来解决，并计算最小二乘最佳拟合解。但是，有两个因素会影响反演的准确性：共线性和土地覆被类型变化。

2.7.1.2 基于 TPS 的空间内插

TPS 是一种基于空间相关性的点数据空间插值技术[31]，本研究中，采用薄板样条（TPS）方法对 t_2 的低分辨率影像的每个粗像素的值做插值，得到中心点像素值，从而得到从 t_1 到 t_2 的细节信息。TPS 的作用在于内插出低分辨率影像的土地覆盖状况从 t_1 到 t_2 的变化信息。

$$
\Delta S(x_j, y_j) = F_P^{TPS}(x_j, y_j) - F_0^{TPS}(x_j, y_j) \quad (2\text{-}54)
$$

式中：$F_P^{TPS}(x_j, y_j)$ 和 $F_0^{TPS}(x_j, y_j)$ 是待预测时期 P 和已知第 0 时刻在低分辨率影像像素位置(x_j, y_j)的 TPS 内插值。

2.7.1.3 时空增量组合策略(CLS)

依赖于时间的增量 ΔT 和依赖于空间的增量 ΔS 可以被视为两个独立的预测附加值。前者表达 NDVI 的时间变化信息，而后者表达 NDVI 对空间的依赖性。因此，两个增量的合理组合可能会改善融合质量和鲁棒性。而结合二者最简单、最有效的方法是使用合理的权重配比对其求和。此外,理想的组合应尽可能接近真实的高分辨率 NDVI 增量(ΔF)。因此,加权增量的目标函数可以写为:

$$(\hat{w}_S, \hat{w}_T) = \underset{(w_S, w_T) \in (0, 1)}{\mathrm{argmin}} \sum_k (w_S \Delta S_k + w_T \Delta T_k - \Delta F_k)^2 \tag{2-55}$$

但 t_p 时刻的高分辨率 NDVI 影像是待预测的结果,因此无法获得接近真实的高分辨率 NDVI 增量(ΔF)。但幸运的是,可得到从 t_0 到 t_p 的低分辨率影像实际像素的 NDVI 增量(ΔC)。因此,上式可写成:

$$(\hat{w}_S, \hat{w}_T) = \underset{(w_S, w_T) \in (0, 1)}{\mathrm{argmin}} \sum_k (w_S \Delta C_k^S + w_T \Delta C_k^T - \Delta C_k)^2 \tag{2-56}$$

然后,运用 7×7 像素移动窗口以及粗糙分辨率对应像素求解估算的 w_S 和 w_T 值,最后计算高分辨率影像经过时空增量组合优化后的像素增量:

$$\Delta F^{Com}(x_j, y_j) = w_S \times \Delta S(x_j, y_j) + w_T \times \Delta T(x_j, y_j) \tag{2-57}$$

2.7.1.4　残差分配

在低分辨率影像级别上,对已知的低分辨率影像增量和估算的高分辨率影像增量的差进行残差分配,使得误差按时间间隔原则分配到不同像素上。

$$R(x, y) = \Delta C(x, y) - \frac{1}{m} \sum_{j=1}^m \Delta F^{Com}(x_j, y_j) \tag{2-58}$$

$$\hat{F}_{0, p}(x_j, y_j) = F_0(x_j, y_j) + \Delta F^{Com}(x_j, y_j) + R(x, y) \tag{2-59}$$

2.7.1.5　时序产品加权组合

根据优化过的 N 期 NDVI 高分辨率影像,$F_0, \cdots, F_n$,配合参数 w_S 和 w_T 值,得到 t_2 时刻的高分辨率影像的最终预测 $\hat{F}_p$。

$$w_{q, p}(x, y) = \frac{1}{\sum\limits_{i=1}^9 \left| C_q^i(x, y) - C_p^i(x, y) \right|} \tag{2-60}$$

$$\hat{F}_p(x_j, y_j) = \sum_q \left[w_{q, p}(x, y) \times \hat{F}_{q, p}(x_j, y_j) \right] \Big/ \sum_q w_{q, p}(x, y) \tag{2-61}$$

最后,$\hat{F}_p$ 为 t_p 时刻高分辨率影像的最终预测结果。

2.7.2　基于时空滤波的融合方法典型代表:ESTARFM 算法[12]

ESTARFM 算法中,输入数据包括两对在同一时期获得的低分辨率和高分辨率影像,以及一期在 t_p 获取的低分辨率 MODIS 影像(图 2-29),输出数据是在 t_p 处的预测的高分辨率影像。ESTARFM 的执行过程主要有四个主要步骤:首先,使用两个高分辨率影像搜索类似于本地窗口中中心像素的像素。其次,计算所有相似像素的权重(W_i)。第三,通过线性回归确定转换系数 V_i。最后,使用 W_i 和 V_i 从所需预测日期的粗糙分辨率影像中计算出高分辨率影像。所有步骤都将在下面详细讨论。

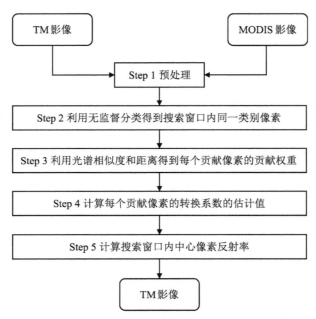

图 2-29　ESTARFM 算法技术流程图

2.7.2.1　像素级融合预处理

ESTARFM 在融合之前,需要对粗糙分辨率和精细分辨率的影像进行几何和辐射预处理。在本研究中,对 Landsat ETM＋数据和 MODIS 数据进行了配准和正射校正、大气校正,以及对 MOD09GA 数据单独重新采样得到 Landsat 的分辨率。已有相关研究证明,两个传感器的反射率一致且可比[31]。

2.7.2.2　选择邻域内相似像素

选择相似的相邻像素窗口内与中心像素具有相同土地覆盖类型的像素("相似"像素)来提供特定的时间和空间信息,以计算中心像素的高分辨率反射率。搜索相似像素的方法主要有两种:对精细分辨率影像采用无监督聚类算法,识别出与中心像素属于同一簇的相邻像素;计算高分辨率影像中相邻像素与中心像素之间的反射率差,并使用阈值来识别相似像素。阈值可以通过像素的数量与精细分辨率影像的标准偏差和估计数量来确定影像的土地覆盖类别[12]。选中的相邻像素 i 满足以下表达式:

$$| F(x_i, y_i, t_k, B) - F(x_{w/2}, y_{w/2}, t_k, B) | \leqslant \sigma(B) \times 2/m \qquad (2\text{-}62)$$

式中:$\sigma(B)$ 是 B 波段反射率的标准偏差;m 是分类的数量。

需要注意的是,如果从 t_1 到 t_2,某像素土地覆盖类型由裸露的土壤换变为农作物,反射率会发生显著变化。如果仅使用一期遥感影像,则在选择相似像素方面会带来一些不确定性。因此,与 STARFM 方法相比,本研究使用 t_m 和 t_n 两期高分辨率影像筛选相似像素,然后提取两个结果的交集以获得更准确的相似像素集。在某些情况下,中心像素在搜索窗口内可能搜索不到光谱相似的像素,这时,将中心像素的权重设置为 1.0,可以根据算法计算出转换系数。

2.7.2.3 计算相似像素权重

权重 W_i 决定第 i 个相似像素对预测中心像素处反射率变化的贡献。它由相似像素的位置 d_i 以及精细分辨率和粗糙分辨率像素之间的光谱相似性 R_i 决定。较高相似度和较小距离产生较大的权重值，因此这类像素贡献较大。w 是用于标准化距离的搜索窗口的宽度。

$$D_i = (1 - R_i) \times d_i \tag{2-63}$$

$$W_i = (1/D_i) \Big/ \sum_{i=1}^{N} (1/D_i)$$

决定因素之一：高分辨率影像与低分辨率影像对应位置像素的光谱相似度 R_i，表达式为：

$$R_i = \frac{E\{[F_i - E(F_i)][C_i - E(C_i)]\}}{\sqrt{D(F_i)} \cdot \sqrt{D(C_i)}} \tag{2-64}$$

$$F_i = \{F(x_i, y_i, t_m, B_1), \cdots, F(x_i, y_i, t_m, B_n),$$
$$F(x_i, y_i, t_n, B_1), \cdots, F(x_i, y_i, t_n, B_n)\}$$
$$C_i = \{C(x_i, y_i, t_m, B_1), \cdots, C(x_i, y_i, t_m, B_n),$$
$$C(x_i, y_i, t_n, B_1), \cdots, C(x_i, y_i, t_n, B_n)\}$$

式中：$E(\cdot)$ 是期望值；$D(F_i), D(C_i)$ 分别是 F_i 和 C_i 的方差。

决定因素之二：窗口内相邻像素与中心像素的地理距离 d_i，表达式为：

$$d_i = 1 + \sqrt{(x_{w/2} - x_i)^2 + (y_{w/2} - y_i)^2} \Big/ (w/2) \tag{2-65}$$

最后，W_i 的范围是 0 到 1，所有相似像素的总权重为 1。对于一种特殊情况，即同一搜索窗口内所有相似像素为同一类像素（$D=1$）时，定义这些相似像素的权重为 $1/N$，即中心像素的变化信息由权重相等的纯像元给出。

2.7.2.4 计算转换系数

从理论上讲，对于搜索窗口内每个相似像素 (x_i, y_i)，可以从已知两期（t_m 和 t_n）、n 个共同波段的精细分辨率和粗糙分辨率反射率计算出其转换系数。然而，预处理不能消除传感器差异，并且很难使精细分辨率影像和粗糙分辨率影像的几何精确配准，这会导致计算的转换系数存在较大的不确定性。因此，期望通过线性回归分析用最小二乘原理求出转换系数的估计值 V_i。

2.7.2.5 计算搜索窗口内中心像素反射率

计算权重 W_i 和转换系数 V_i 之后，可以基于已知两期（t_m 和 t_n）的精细分辨率反射率影像和一期（t_p）的重采样的粗糙分辨率影像预测对应 t_p 时期的精细分辨率影像。

$$F(x_{w/2}, y_{w/2}, t_p, B) = F(x_{w/2}, y_{w/2}, t_0, B) + \sum_{i=1}^{N} W_i \times V_i$$
$$\times [C(x_i, y_i, t_p, B) - C(x_i, y_i, t_0, B)] \tag{2-66}$$

按照式（2-65）可以分别计算得到 $F_m(x_{w/2}, y_{w/2}, t_p, B)$ 和 $F_n(x_{w/2}, y_{w/2}, t_p, B)$，可

以通过两个预测结果按照加权参数 T_k 获得 t_p 处更准确的反射率。理论上来说,离预测日期最近的精细分辨率样应包含更接近预期的反射率值,因此在这种情况下,应为输入的精细分辨率反射率设置较大的时间权重 T_k。

$$T_k = \frac{1 \Big/ \Big| \sum_{j=1}^{W} \sum_{l=1}^{W} C(x_j, y_l, t_k, B) - \sum_{j=1}^{W} \sum_{l=1}^{W} C(x_j, y_l, t_p, B) \Big|}{\sum_{k=m,n} \Big[1 \Big/ \Big| \sum_{j=1}^{W} \sum_{l=1}^{W} C(x_j, y_l, t_k, B) - \sum_{j=1}^{W} \sum_{l=1}^{W} C(x_j, y_l, t_p, B) \Big| \Big]}, \quad (k=m, n) \tag{2-67}$$

2.7.3 基于学习的时空融合方法典型代表:SPSTFM 算法[40]

在 SPSTFM 算法中,输入数据仅有一对在同一时期获得的低分辨率和高分辨率影像,以及一期在 t_p 获取的低分辨率 MODIS 影像(图 2-30),输出数据是在 t_p 处的预测的高分辨率影像。SPSTFM 的执行过程主要分为五个步骤:稀疏矩阵表达;超分辨率重建技术;高通调制解调器;融合已知高分辨率影像 L1 和过渡影像 T1、T2;双层时空融合框架;将输入数据的空间分辨率提高到与原始 Landsat 图像相同的比例因子。

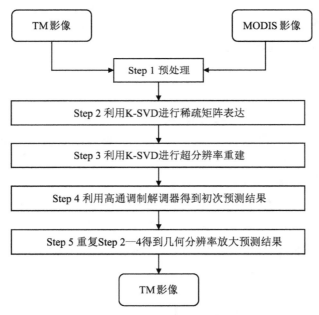

图 2-30 SPSTFM 算法技术流程图

2.7.3.1 稀疏矩阵表达

应用于信号处理的稀疏性概念出现在 1970 年代,1990 年代字典学习和稀疏编码开始出现在信号转换中。由于本地化性、环境适应性、几何不变性和超完备性等特性,稀疏性概念在 1996 年被应用到数字图像处理领域中[41]。在这整个过程中,关键在于如何找到一个转换方式把信号转换到具有稀疏表达式的域内,也就是如何建立一个字典,让信号投影在这个字典上时具有稀疏表达式。而稀疏字典学习就是利用学习的方式找出这个转换方法,即稀疏字典。稀疏字典学习的兴起是基于在信号处理中,如何使用较少的元素来表达一个信号。在这之前,普遍上大家还是使用傅立叶转换(Fourier transform)及小波转换(wavelet transform)。不过在某一些情境下,使用字典学习得到的字典来进行转换,能有效地提高信号的稀疏性。高稀疏性意味着信号的可压缩性越高,因此稀疏字典学习也被应用在资料分解、压缩和分析。稀疏字典学习是一种表征学习方法,其目的在于找出一组基本元素让输入信号映射到这组基本元素时具有稀疏表达式。这些基本元素被称为"原子",这些原子的组合则被称为"字典"。

假定一个图像信号可以表达为:

$$\hat{\alpha} = \text{argmin} \|\boldsymbol{\alpha}\|_0 \quad \text{s.t.} \quad x = D\alpha \tag{2-68}$$

式中:x 为信号;argmin{ }表示使目标函数取最小值时的变量值;$\|\boldsymbol{\alpha}\|_0$ 表示矩阵 $\boldsymbol{\alpha}$ 中非零元素的数量;{ } s.t. { }表示使前式满足后式条件,后式为约束式。可以表达为相对于字典 D 和稀疏系数 $\alpha \in \mathbf{R}^m$ 的函数,目的是设计一个高效的字典,通过稀疏编码算法找到表达信号 x 的具有最少非零元素的稀疏矩阵 $\boldsymbol{\alpha}$。考虑到数值解表示误差以及信号中的噪声。上式表达为:

$$\hat{\alpha} = \text{argmin} \|\boldsymbol{\alpha}\|_0 \quad \text{s.t.} \quad \|x - D\alpha\|_2^2 < \varepsilon \tag{2-69}$$

式中:ε 为阈值常量。由于 l_0 范数的存在,求解式(2-68)最优化求解问题属于非决定性多项式 NP(non-deterministic)问题。但幸运的是,当矩阵表达式足够稀疏时,字典 D 的原子可以由已知信号,或由 $\|\boldsymbol{\alpha}\|_1$ 学习出来的。

$$\hat{\alpha} = \text{argmin} \|\boldsymbol{\alpha}\|_1 \quad \text{s.t.} \quad \|y - D\alpha\|_2^2 < \varepsilon \tag{2-70}$$

通过已知信号 y,通过使目标函数 $\hat{\alpha} = \text{argmin} \|\boldsymbol{\alpha}\|_0$ 最小,求解字典 D 中的原子。然后再借助前一步求出的参数,重构信号 x 即可。

2.7.3.2　超分辨率重建技术

由于 MODIS(即低空间分辨率数据)和 Landsat(即高空间分辨率数据)之间的空间分辨率差异很大,因此直接将它们融合会导致较大的预测误差。解决此问题的直接方法是首先提高 MODIS 数据的空间分辨率,然后将 MODIS 提高的空间分辨率和原始 Landsat 数据融合。实际上,在 MODIS 和 Landsat 传感器的相应频段之间采用降级模型是合理的。如果通过类似的降级过程(模糊化、下采样和添加噪声)将 MODIS 数据和 Landsat 数据的相应波段相关联,则可以提高 MODIS 数据的单影像超分辨率。一方面,MODIS 和 Landsat-7 的传感器的参数设置以及成像环境非常相似;另一方面,通过辐射定标、几何校正和大气校正预处理后,可以理想化地将系统偏差纳入噪声项。但是,在实际问题中,最困难的情况是只有一对 Landsat-MODIS 进行训练。针对这个问题,在 MODIS 影像和 Landsat 影像之间建立过渡影像,分别表示为 M_i,L_i 和 T_i。本研究中,超分辨率重建技术包含两个步骤:训练已知数据 M_l 和 L_l 的字典,以及预测过渡影像 $T_i (i = 1, 2)$。详细内容参考文献[41],这里不做赘述。

2.7.3.3 高通调制解调器：融合已知高分影像 L_1 和过渡影像 T_1 和 T_2

继上文将高分辨率影像 L_1 的高频信息传递到过渡影像 T_i，下面等式表达了用过渡影像 T_2 与 T_1 之间的比率的调制系数将低分辨率时间动态信息传递到预测影像 L_2，表达为：

$$L_2 = T_2 + \frac{T_2}{T_1}(L_1 - T_1) \tag{2-71}$$

上述方程式中的运算是在像素级别上。将其作为预测公式有两个主要优点：矩阵可以极大地减少大范围场景的计算量；由于 T_1 和 T_2 是从同一高分辨率字典重建的，因此它们具有相同的误差水平。

2.7.3.4 双层时空融合框架

考虑到 Landsat 和 MODIS 数据之间存在较大的空间分辨率差异（在第 2.7.3.2 小节中为 8~16 倍），因此时空融合过程在两层框架中执行。在第一层中将 MODIS 影像的缩放比例放大为 2（对于 Landsat 和 MODIS 的分辨率差约为 8 倍的情况）或 4（对于 Landsat 和 MODIS 的分辨率差约为 16 倍的情况）。然后，将第一层的输出视为低分辨率输入。到第二层，将输入数据的空间分辨率提高到与原始 Landsat 影像相同的分辨率。两层都是按照训练字典、稀疏编码、高通调制融合的步骤开展的。

2.8 小结

本章就遥感影像时序缺失问题，提出了一种创新模型——动态优化时空自适应算法的模型。该模型的特色在于能充分考虑到遥感影像的像素灰度值是一类特殊的观测值，具有系统误差和偶然误差，用方差作为定量评价观测值的指标。此外，考虑到异源传感器的数据产品在空间上具有相关性和一致性，同源传感器数据时序在时间上具有连续性，即异源传感器得到同态的地物动态变化。这种研究思路较以往单一的目标研究更具系统性、整体性，结果更加科学、更具说服力。

2.8.1 研究取得成果

首先，本书提出的算法同时借鉴了空间域迭代、连续校正、时空自适应等系列算法的思路而超越现有算法。表现在：将原有的时空自适应权重扩展为动态变权系数；将原有的结果作为初始值，不断迭代修正直至生成优化估计；提出了迭代过程收敛准则，即结果的验后方差是否不超过先验方差。

其次，针对现有的基于时间和基于空间的多传感器数据合成方法在预处理过程中未考虑传感器间的关联性和差异性，本书提出了对多个传感器进行一致性检验，为后续的相对辐射校正提供传感器准确性的指标依据。

最后，基于贫信息下的影像预测模型是一种非线性模型，本书提出的算法克服了信息量不足的情况下进行预测存在的困难，运用 IDL 语言进行编程，实现了空间预测模型的建立，并以实例验证了模型的有效性。

2.8.2　进一步研究方向

在目前已完成的基础上,还需要在以下的方面继续发展和完善:

1) 对于多种时序影像缺失情况的讨论

情况一:只有一景高分辨率已知影像,没有后续景可以参考。

情况二:有多景高分辨率已知影像,包括前期和后续景可以参考。

情况三:缺失当日的 MODIS 数据,获取情况不理想,需要取邻近的数据作替代。

在影像层面,影像动态变化的定量判断取决于应用目的对精度的要求。在应用层面,农作物生长周期为 10 d(1 旬),而 MODIS 影像有 8 d 最大化合成和 16 d 最大化合成产品,因此,本书认为取相邻时间小于 10 d 的两景 MODIS 影像是可接受的。

2) 对收敛函数、收敛条件和收敛速度的进一步研究

空间域迭代算法是一类重要的算法。与频率域相比,空间域方法能够将复杂的运动模型与相应的差值、迭代、滤波及重采样合并在一起考虑,具有很强的灵活性。迭代算法处理的实质就是在影像空间域进行插值重构、模拟采样、比较修正反复操作,以逐步逼近理想影像。这里需要考虑的基本问题:首先是迭代函数的构造类型,不同的迭代函数,得到的结果也不一样,本节选择连续校正的迭代函数,保证迭代影像序列 $\{f_k\}$ 收敛;其次需要充分考虑背景误差和观测误差,将其作为变换权重系数,并将验后方差 $E_a^+ \leqslant E_a^-$ 作为终止迭代的依据;算法收敛的条件、收敛速度、误差估计讨论[42]。

[1] Thomas C, Ranchin T, Wald L, et al. Synthesis of multispectral images to high spatial resolution: A critical review of fusion methods based on remote sensing physics[J]. IEEE Transactions on Geoscience and Remote Sensing, 2008,46(5): 1301-1312.

[2] 眭海刚,刘超贤,刘俊怡,等.典型自然灾害遥感快速应急响应的思考与实践[J].武汉大学学报(信息科学版), 2020,45(8): 1137-1145.

[3] Hodgson M E, Davis B A, Kotelenska J. Remote sensing and GIS data/information in the emergency response/recovery phase[M]//Geospatial techniques in urban hazard and disaster analysis. Dordrecht: Springer Netherlands,2009: 327-354.

[4] Boccardo P, Tonolo F G. Remote sensing role in emergency mapping for disaster response[M]// Engineering Geology for Society and Territory -Volume 5. Cham: Springer International Publishing, 2014:17-24.

[5] Barth A. Data assimilation and inverse methods[R].[2021-06-05]. http://data-assimilation.net/ upload/Alex/Lecture/assim_lecture_bilbao.pdf.

[6] Panuju D R, Paull D J, Griffin A L. Change detection techniques based on multispectral images for investigating land cover dynamics[J]. Remote Sensing, 2020,12(11): 1781.

[7] Liaghat. A review: The role of remote sensing in precision agriculture[J]. American Journal of Agricultural and Biological Sciences, 2010,5(1): 50-55.

[8] Mulla D J. Twenty five years of remote sensing in precision agriculture: key advances and remaining knowledge gaps[J]. Biosystems Engineering, 2013,114(4): 358-371.

[9] Meng J H, Wu B F, Du X, et al. Method to construct high spatial and temporal resolution NDVI

DataSet-STAVFM. Journal of Remote Sensing, 2011,15(1): 44-59.

[10] Li Y, Huang C L, Hou J L, et al. Mapping daily evapotranspiration based on spatiotemporal fusion of ASTER and MODIS images over irrigated agricultural areas in the Heihe River Basin, Northwest China[J]. Agricultural and Forest Meteorology, 2017(244/245): 82-97.

[11] Zhukov B, Oertel D, Lanzl F, et al. Unmixing-based multisensor multiresolution image fusion[J]. IEEE Transactions on Geoscience and Remote Sensing, 1999,37(3): 1212-1226.

[12] Gao F, Masek J, Schwoller M, et al. On the blending of the Landsat and MODIS surface reflectance: Predicting daily Landsat surface reflectance[J]. IEEE Transactions on Geoscience and Remote Sensing, 2006,44(8): 2207-2218.

[13] Huang B, Zhang H K, Song H H, et al. Unified fusion of remote-sensing imagery: Generating simultaneously high-resolution synthetic spatial-temporal-spectral earth observations [J]. Remote Sensing Letters, 2013,4(6): 561-569.

[14] Song H H, Huang B. Spatiotemporal satellite image fusion through one-pair image learning[J]. IEEE Transactions on Geoscience and Remote Sensing, 2012,51(4): 1883-1896.

[15] 尹晖,周晓庆.时空变形分析与预报理论研究及应用策略[J].测绘通报,2016(S2): 18-21.

[16] 郭利,马彦恒,张锡恩.一种多传感器数据时空融合估计算法[J].系统工程与电子技术,2005,27(12): 2016-2018.

[17] Udelhoven T. Long term data fusion for a dense time series analysis with MODIS and Landsat imagery in an Australian Savanna[J]. Journal of Applied Remote Sensing, 2012,6(1): 063512.

[18] Gevaert C M, García-Haro F J. A comparison of STARFM and an unmixing-based algorithm for Landsat and MODIS data fusion[J]. Remote sensing of Environment, 2015,156: 34-44.

[19] Cui J T, Zhang X, Luo M Y. Combining Linear pixel unmixing and STARFM for spatiotemporal fusion of Gaofen-1 wide field of view imagery and MODIS imagery[J]. Remote Sensing, 2018,10(7): 1047.

[20] 师春香,谢正辉,钱辉,等.基于卫星遥感资料的中国区域土壤湿度 EnKF 数据同化[J].中国科学:地球科学,2011,41(3): 375-385.

[21] 王金鑫,赵光成,张广周,等.基于修正 NDVI 时间序列的大区域冬小麦全生育期墒情监测[J].节水灌溉,2019(1): 61-67.

[22] 吴晓萍,徐涵秋,蒋乔灵.GF-1、GF-2 与 Landsat-8 卫星多光谱数据的交互对比[J].武汉大学学报(信息科学版),2020,45(1): 150-158.

[23] 张佳薇,姜滨,金光远.多传感器支持度和自适应加权时空融合算法[J].机电产品开发与创新,2009,22(6): 23-25.

[24] Chen B, Huang B, Xu B. A hierarchical spatiotemporal adaptive fusion model using one image pair[J]. International Journal of Digital Earth, 2017,10(6): 639-655.

[25] Ge Y Q, Li Y R, Chen J Y, et al. A learning-enhanced two-pair spatiotemporal reflectance fusion model for GF-2 and GF-1 WFV satellite data[J]. Sensors, 2020,20(6): 1789.

[26] Hilker T, Wulder M A, Coops N C, et al. A new data fusion model for high spatial-and temporal-resolution mapping of forest disturbance based on Landsat and MODIS [J]. Remote Sensing of Environment, 2009,113(8): 1613-1627.

[27] Kwan C, Bodavari B, Gao F, et al. A hybrid color mapping approach to fusing MODIS and Landsat images for forward prediction[J]. Remote Sensing, 2018,10(4): 520.

［28］ Liu M，Yang W，Zhu X L，et al. An improved flexible spatiotemporal data fusion (IFSDAF) method for producing high spatiotemporal resolution normalized difference vegetation index time series［J］. Remote Sensing of Environment，2019，227：74-89.

［29］ Shao Z F，Cai J J，Fu P，et al. Deep learning-based fusion of Landsat-8 and Sentinel-2 images for a harmonized surface reflectance product［J］. Remote Sensing of Environment，2019，235：111425.

［30］ Xu Y，Huang B，Xu Y Y，et al. Spatial and temporal image fusion via regularized spatial unmixing［J］. IEEE Geoscience and Remote Sensing Letters，2015，12(6)：1362-1366.

［31］ Zhu X L，Chen J，Gao F，et al. An enhanced spatial and temporal adaptive reflectance fusion model for complex heterogeneous regions［J］. Remote Sensing of Environment，2010，114(11)：2610-2623.

［32］ Zhu X L，Helmer E H，Gao F，et al. A flexible spatiotemporal method for fusing satellite images with different resolutions［J］. Remote Sensing of Environment，2016，172：165-177.

［33］ Zurita-Milla R，Clevers J G P W，Schaepman M E. Unmixing-based Landsat TM and MERIS FR data fusion［J］. IEEE Geoscience and Remote Sensing Letters，2008，5(3)：453-457.

［34］ Minghelli-Roman A，Mangolini M，Petit M，et al. Spatial resolution improvement of MeRIS images by fusion with TM images［J］. IEEE Transactions on Geoscience and Remote Sensing，2001，39(7)：1533-1536.

［35］ Shen H F，Wu P H，Liu Y L，et al. A spatial and temporal reflectance fusion model considering sensor observation differences［J］. International Journal of Remote Sensing，2013，34(12)：4367-4383.

［36］ Wu P H，Shen H F，Zheng L P，et al. Integrated fusion of multi-scale polar-orbiting and geostationary satellite observations for the mapping of high spatial and temporal resolution land surface temperature［J］. Remote Sensing of Environment，2015，156：169-181.

［37］ Wu P H，Shen H F，Ai T H，et al. Land-surface temperature retrieval at high spatial and temporal resolutions based on multi-sensor fusion［J］. International Journal of Digital Earth，2013，6(sup1)：113-133.

［38］ 刘慧琴，吴鹏海，沈焕锋，等.一种基于非局部滤波的遥感时空信息融合方法［J］.地理与地理信息科学，2015，31(4)：27-32.

［39］ Kaur H，Koundal D，Kadyan V. Image fusion techniques：A survey［J］. Archives of Computational Methods in Engineering，2021(1)：1-23.

［40］ Huang B，Song H H. Spatiotemporal reflectance fusion via sparse representation［J］. IEEE Transactions on Geoscience and Remote Sensing，2012，50(10)：3707-3716.

［41］ Donahue M，Geiger D，Hummel R，et al. Sparse representations for image decomposition with occlusions［C］//Proceedings CVPR IEEE Computer Society Conference on Computer Vision and Pattern Recognition. San Franciso，1996.

［42］ Liu F，Wang Z Y. Synthetic Landsat data through data assimilation for winter wheat yield estimation［C］//2010 18th International Conference on Geoinformatics. Kolkata，2010.

第3章 遥感影像空间修复技术

农情遥感监测需要遥感影像分辨率根据应用目的差异而不同。《数字农业农村发展规划(2019—2025 年)》中提到,"集成应用卫星遥感、航空遥感、地面物联网的农情信息获取技术日臻成熟,基于北斗自动导航的农机作业监测技术取得重要突破"。例如,高空间分辨率的遥感数据主要应用于田间尺度的精细农业,而高时间分辨率广覆盖遥感数据主要应用于大面积农作物长势监测,高光谱遥感数据主要应用于农业灾害的诊断,米级分辨率的雷达卫星数据主要应用于农业干旱监测,还有各种灵活多样的无人机平台等,都为现代农业遥感技术的发展提供了新的机遇(表 3-1)。但是遥感影像也会存在类似地面相机拍照存在的各类问题,如云遮挡、地面阴影覆盖、影像局部空间缺失等问题。

表 3-1 农情遥感监测对遥感数据分辨率需求列表

应用尺度	空间分辨率	代表性遥感数据		应用领域对影像分辨率要求				
		光学遥感	微波遥感	空间定位系统	农作物监测	农业灾害监测	农业资源调查	精细农业
全球/区域级	千米	MODIS	SMOS	无	多	无	少	无
省级	几十米	TM, CBERS, HJ	ASAR, ERS	无	多	无	多	无
农场级	米级	GF, SPOT5, Ikonos	RADARS AT-2	无	少	多	多	多
地块级	亚米级	ZY, GeoEye, QuickBird	TerraSAR, Cosmo	北斗, GPS, GLONASS	少	多	少	多

数字图像修复技术开展较早并且已经比较成熟,由此带来的技术便利,使得具有光谱丰度、重返周期、辐射分辨率优势的遥感影像在空间修复方面具备了更多的可能。随着深度挖掘技术的发展,基于稀疏表达、卷积神经网络、生成对抗网络等技术也被运用至遥感影像空间修复中,实现了非常好的预测效果[1-3]

本章集中探讨遥感影像空间修复技术(image inpainting/ repair/ completion technology),主要解决以下三方面的关键问题:一是由已知区域能否搜索到目标区域的特征图斑或像素,二是遥感影像信息特征的挖掘研究,三是结果评定指标是全局结构一致性最优还是局部细节精细度最优。对于影像修复,仍然很难完成具有复杂场景结构和大范围比例的图像修复(例如丢失了 15%信息的中分辨率多光谱影像)。当然,高分辨率影像修复也是另一项艰巨的任务。

3.1　遥感影像空间修复技术

3.1.1　研究背景

常见的光学遥感影像存在的待修复问题包括去除阴影、去除云或霾影响、修复局部缺失,以及修复影像抖动、全局噪声、过度曝光等问题(图 3-1),后者属于全局修复,不在本章讨论范围以内,本章重点讨论单幅中分辨率光学遥感影像的空间局部缺失图像修复技术。

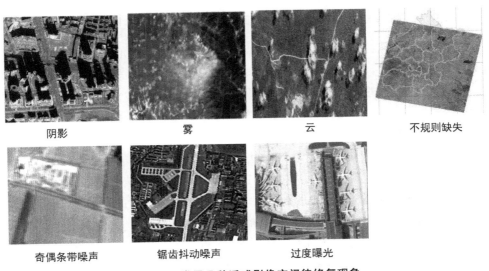

阴影	雾	云	不规则缺失

奇偶条带噪声	锯齿抖动噪声	过度曝光

图 3-1　常见几种遥感影像空间待修复现象

遥感影像局部缺失是由于拍摄范围与目标范围的空间匹配差异造成的。一般来说,幅宽取决于轨道高度和视场角,空间分辨率由瞬时视场角 IFOV 决定,例如,Landsat 5 轨道高度为 705 km,Terra 轨道高度也是 705 km,但二者的单景影像覆盖范围有很大差异,MODIS 的幅宽为 2 330 km,TM 的幅宽为 185 km。通常情况下,单景 TM 通常覆盖到北京行政区 85%～95% 的面积。

遥感影像中的阴影是由于日光照射不足造成的。室外的主要光源是日光(白光)和天空反射光(蓝光)。一般来说,来自太阳的白光占据主导地位。但当太阳光被遮挡时,天空光的成分就增加了,阴影区域里的原有物质色度向蓝色成分平移。Nadimi 和 Bhanu[4] 提出一个考虑到光源的两色模型,更好地预计了阴影区域的颜色变化。后续工作增加了更多的通用非线性衰减模型来模拟室内外的光照条件[5]。然而,由于光谱属性的限制,它们的主要缺点就是无法处理背景和目标色度相似的情况[6-8]。

雾是指大气中存在的半透明、空间变化的大气遮挡物、气溶胶和薄云等,使得地表反射光线在传输过程中发生衰减。霾的半透明性质使得卫星探测到的辐射信号同时包含了霾和地表的光谱响应[9]。由于近红外光波长较长,在传播时受大气粒子干扰较小,可以用穿透雾霾的近红外波段进行成像,从而恢复影像信息。但如果未考虑影像中的雾浓度,会导致融合影像无雾区域出现亮度过饱和现象。Kudo 等[10]考虑了雾浓度,根据雾浓度融合近红外和可见光图像,图像中所有的边缘信息丢失。因此,在进行可见光和近红外图像融合时,如何在保证图像去雾质量的前提下,尽可能地提高计算效率非常有意义。

较前两者而言,厚云遮挡区域的修复是一个难点。由于厚云阻挡了地表反射光线的传播路径,卫星传感器几乎无法获取地表辐射信息,去除厚云的技术本质上是丢失信息重建的过程[11]。但是,具有光谱丰度、重返周期、辐射分辨率优势使得遥感影像在空间修复方面具备了更多的可能。

3.1.2 面向云遮挡或局部缺失问题的图像修复技术方法研究进展

较去除阴影和薄雾二者而言,厚云遮挡或局部缺失的影像从原图上寻找本源信息量更少,因此修复难度更高。但是,具有光谱丰度、重返周期、辐射分辨率优势使得遥感影像在空间修复方面具备了更多的可能,本节主要梳理这方面的研究进展。从技术上讲,常见的遥感影像局部空间修复方法大体分为三类:基于图像的修复方法、基于多光谱互补的修复方法、基于多时相的修复方法[12-16]。

首先,基于图像的修复方法分为传统方法和较新的方法。在传统方法当中,传播扩散方法,是将局部信息从缺失区域的外部传播到内部;基于变异的方法,使用正则化技术来实现信息重构;基于示例的方法,其目的是重建较大的缺失区域。最近的一些新的研究提出了基于空间的去云方法,该方法基于协同克里金插值[17]以及 Bandelet 的修补[18]、压缩感测[19]、稀疏字典学习[20]和保留结构的全局优化[21]等技术。Li 等[11]提出了基于逐步辐射调整和残差校正(stepwise radiation adjustment and residual correction,SRARC)方法。Xiao 等[22]改进了地统计学传统克里金法,提出了基于多保真度数据的扩展协同克里金插值方法,提高预测影像的逼近精度。这类方法修复的结果只能满足视觉需求,不能用作具体决策分析。

其次,基于多光谱互补的修复方法旨在利用光学不同传感器或合成孔径雷达(SAR)弥补缺失区域的信息,是一种从辅助影像中挖掘补充信息并重建的方法,通常采用数学方法[23, 24]和物理方法[25, 26]恢复信息。Meraner 等[27]设计了一种深度残差神经网络架构,借助 SAR Sentinel-1 数据从多光谱 Sentinel-2 影像中去除云。大多数方法只适用于薄云去除,适用于中分辨率和低分辨率影像,可能不适合厚云遮挡复原和高分辨率影像恢复。

最后,基于多时相的修复方法是从遥感影像中去云和云阴影的另一种方法。与以前的方法相比,这种方法既取决于时间又取决于空间相干性,具有更好的处理大型云的能力,通常有时间学习[28, 29]、时间回归[30, 31]等方法。这种多时相技术和数据融合的主要难题是传感器观测信息不足和太阳几何未知[32]。由于时间序列方法主要是为具有高时间分辨率的影像而设计的,不适用于高分辨率影像,通常很难获得时间间隔短的时间序列数据。

3.1.3 研究思路

本书将影像空间修复技术列为影像应急机制的重要研究内容,空间信息损失的相关应用可以从图像修复(inpainting)、网格填洞(filling holes)、去云(cloud removal)、SLC-off 间隙填充(SLC-off gap filling)等技术中借鉴解决之道[11, 30]。对该问题提出两类解决方案。第一类为集成使用地统计学中逆块克里金法和模拟退火遗传算法,以地物在空间分布上具有连续性与自相关性为依据,进行空间估值。使用该方案存在几个先决条件:样本影像和预测影像皆满足二阶平稳假设(second-order stationary assumption);证明变异函数的方向性(各向同性或各向异性)和变程(如果变程小于样本间距,样本在空间就不存在依赖性)是全局一致的,即局部区域的性质服从于整体图像;在理想情况下可以生成空间连续曲面。

第二类又分为两种。一种是用于修补大尺度特征的区域,例如基于纹理块的纹理合成技术(patch based texture synthesis)和基于像素的纹理合成技术(pixel based texture synthesis)。这种算法的基本思想是,首先从待修补区域的边界上选取一个像素点,同时以该点为中心,根据图像的纹理特征,选取大小合适的纹理块,然后在待修补区域的周围寻找与之纹理测度最相近的纹理匹配块来替代该纹理块。例如,基于马尔科夫随机场纹理模型的方法特点是输入样本少,速度快[33]。基于纹理块填充算法[34]的基本思想是首先建立纹理样本库,通过比对待填充区和样本区的匹配度,逐块填充样本,这种算法可以满足大块空缺信息的补全(completion),同时提出了两点要求,一是对样本块与预测区的纹理匹配度提出了要求,二是对样本块尺寸有要求。就前一个问题来说,当样本库无法提供所需的一致性样本块时,将采用"通用样本"进行填充,而通用样本并不是万能的;如果处理不好第二个问题影像会出现"鳞片",并且样本选取和阈值参数设置需要人为控制。笔者在这方面做了试验,样本块如取得过小会产生弱纹理,样本块过大没有满足填充条件的区域,这两类结果都应避免。另一种是用于修补小尺度边缘信息的技术,即图像修复技术,适用于填充过边界的区域(structured region),例如基于偏微分方程(partial differential equation,PDE)的数字图像修补技术。该方法的主要思想是物理学中的热扩散方程,利用已知区域的边缘信息和信息传播机制,按照等照度线(isophote)方向估计待修补区域的边缘信息,其典型方法包括BSCB模型[35]及CDD(curvature driven diffusions)[36]等。

3.2　理论依据

3.2.1　克里金法(Kriging)

克里金法属于地统计学的一个分支学科,主要应用目的是局部估值。克里金法的内插和外推理论由法国数学家乔治斯·马瑟伦(Georges Matheron)教授于 1960 年代在丹尼·G. 克里格(Danie G. Krige)博士论文的基础上实现。实际上,它也是一种广义的最小二乘回归算法,而其最优目标定义为误差的期望值为 0,方差达到最小。克里金法起初应用于地质矿藏的空间分析,后来 Olivert 将其用到 GIS 中的插值,并逐渐在采矿、水文、地质、自然资源、环境科学、遥感、计算机黑盒模型等多个领域获得了广泛的应用[37]。

克里金法的估计模型为:

$$Z^*(x_0) = \sum_{i=1}^n \lambda_i Z(x_i) \tag{3-1}$$

克里金法作为一种估计方法,其特点是:无偏(unbiased),使得平均残差或误差接近于零;最优(best),使得误差的方差最小。与其他方法相比,无偏、最优是克里金法的显著特征(图3-2)。

$$E[Z^*(x_0) - Z(x_0)] = 0 \tag{3-2}$$

$$\mathrm{Var}[Z^*(x_0) - Z(x_0)] = \min \tag{3-3}$$

克里金法分为:简单克里金(Simple Kriging)、普通克里金(Ordinary Kriging)、因子克里金(Factorial Kriging)、协同克里金(Co-Kriging)、块状克里金(Block Kriging)等等。克里金法是基于随机空间变异模型的插值方法,是一种稳定的插值方法,并且有一个统计意义上的最小方差,相对现实拟合结果比其他纯数学方法要好[38, 39]。

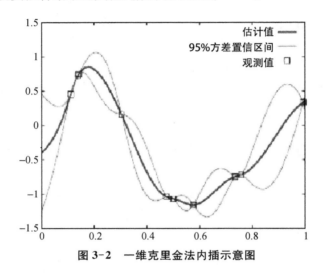

图 3-2　一维克里金法内插示意图

3.2.2　纹理合成技术

纹理是图像的一个主导特征,自然界中的纹理往往具有自相似性,即一小块纹理就能反映整体纹理的特点。霍金斯认为纹理具有三个要素:局部排列具有序列性,并在更大范围内不断重复;由基本元素按非随机排列组成;纹理内部是均匀统一的整体。自 Gibson[40] 提出了纹理在可视化感知中的重要意义以来,纹理技术在计算机图形学、虚拟现实和计算机视觉及虚拟现实技术领域受到广泛重视。

基于样图的纹理合成(texture synthesis from samples,TSFS)是在 1960 年代来发展起来的,代表纹理合成技术的一个发展方向。其基本思路是对于给定的样图,运用一定数学分析方法,抽取原样图中的特征数据,建立相应的数学模型,然后对该模型做适当的优化处理,依据特征数据和优化的数学模型完成纹理合成[41](图3-3)。

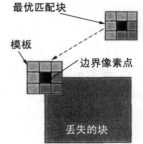

图 3-3　基于样图的纹理合成过程

3.3 改进纹理合成技术

3.3.1 研究思路

在当前情况下,选取中分辨率影像 TM 的缺损部分作为预测区域,这部分区域仅存在 MODIS 低分辨率数据,根据 MODIS 自相关性在训练区内找到对应地块上 TM 中分辨率影像纹理特征,填补到预测区对应位置上。这里采用的改进纹理合成技术,是一种基于纹理块的填充技术。

3.3.2 实现技术

下面对该模型原理进行图示说明(图 3-4)。已知训练区所在位置点 O 的纹理特征,取椭圆形纹理基元(a,b 分别为长短半径,坐标系任意),以 MODIS 在预测区分类结果为指导在预测区进行逐基元填充(分类结果确定 l,θ),预测区所在位置点 O' 的纹理特征即为第一轮填充的结果。第二轮对未填充像素及边缘采用羽化处理,采用邻域内像素反距离权重法(inverse distance weighted,IDW)。

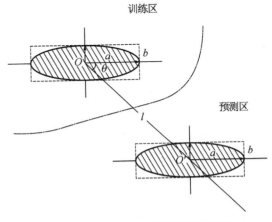

图 3-4 各向异性纹理块填充预测区域

在实现过程中,需要注意两个方面:窗口尺寸大小和形状;自相关性测度。

3.3.3 处理流程

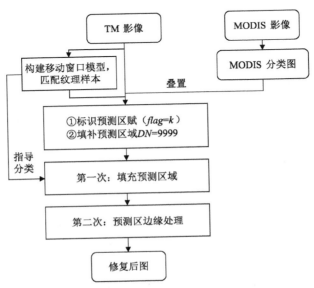

图 3-5 改进纹理合成技术流程图

改进纹理合成技术处理步骤分为两轮:第一轮,以 MODIS 分类结果做指导,用移动窗口的形式对邻近的同类像素逐块添加纹理样本,留出类间边缘像素不填。具体步骤如下(图 3-5)。

Step 1 分类。用 SVM 分类方法对 MODIS 整景分类,这样每个像素 (x,y) 处有标识 $flag = k \in \{Z\}$,特别地,预测区域细化分类结果。

Step 2 建库。将上步结果进行感兴趣区采样,取部分样本建立样本库 $\{Z\}$,只选择预测区域可能有的样本群,样本尺寸为 $M \times N$。

Step 3 赋值。将 MODIS 分类图叠加到 TM 预测影像上,将 TM 影像的待预测区域 DN 值赋值 $DN = 9\,999$。这样每个像素处有标识 $flag = k \in \{Z\}$,灰度值 $DN = 9999$。

Step 4 第一次填充预测区域。在 TM 预测区域以中心点(或左上角点)为起始点进行逐样本块填充(步长 N),然后转至第 $1+M$ 行。

判断 $M \times N$ 窗口,标识同一个类型的像素是否不小于 $A \times (M \times N)$:

→是:填充,以步长 N 向右。

→否:不填充。

遍历整幅图像,第一次填充纹理块终止。

第二轮,对上步未填充区域及边缘过渡地带,复原结构信息。

Step 5 第二次预测区边缘处理。对未填充区域及边缘过渡地带和接边重叠进行处理。

Step 6 逐像素判断,当前值 (i,j),判断 $DN = 9999$,→是:转向 Step 5;

→否:第二次边缘处理终止。

注意,阈值 A 选取适当与否决定边缘处理效果,此处 $A = 0.7$ 是本书多次试验较为合理的取值。

3.3.4 算法延伸讨论

以上方法的特点是简单、测度自动获取,但是尺寸大小和方向是固定的,事实上,在微观局部,具有方向矢量场,如顺应其局部区域的方向场构建模型,可能会取得较为理想的效果[33](图 3-6)。此外,样本块尺寸对填充效果影响很大。通常来说,复杂纹理所需样本块尺寸较大,纯净纹理所需样本块尺寸较小,如果可以构建多级纹理样本对填充区采取适当的样本块选取,可以取得较为理想的效果。为了使得以上构建的模型适用于更多的情况,对椭圆纹理模型采取以下几种变形模式。

(a) 缺损影像

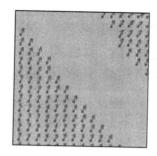
(b) 缺损方向场

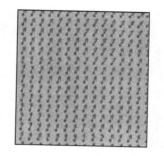
(c) 重建后的方向场

图 3-6 缺损区域方向场的插值重建

1）构建局部方向场

构建局部方向场。按照局部方向场要求,对椭圆纹理模型的方向进行自动调整,在原有模型的基础上增加椭圆方向矢量(长短轴 a–b、ψ),其中 ψ 表示局部坐标系与全局坐标系的夹角(图 3-7)。

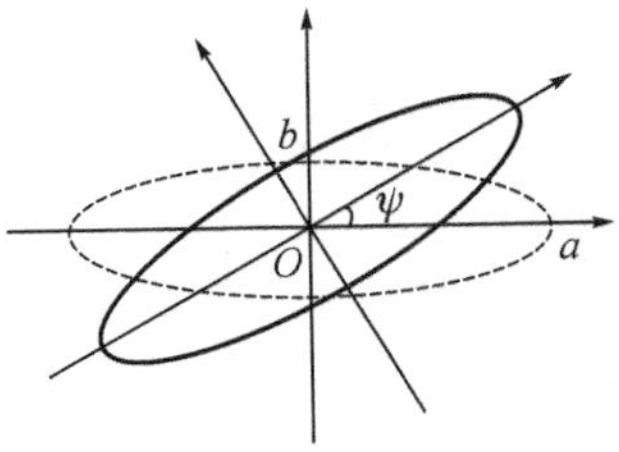

图 3-7　方向可随局部方向矢量场调节的椭圆纹理模型

2）构建多级纹理样本

研究思路:通过建立图像金字塔模式的纹理库,首先用较低分辨率的纹理填充图像,搜索最佳匹配点,由粗到精,逐级匹配。由于采用多级样本,既可取得较好的视觉效果,也可以缩短纹理合成时间(图 3-8)。

C_4　C_3　C_2　C_1　　C_0
(a)　　　　　　　　　　　(b)　　　　　(c)

图 3-8　输入纹理金字塔和输出图像

3）纹理块形状

Ashikhmin 样图纹理合成算法是在 WL 算法的基础上发展而来的,它利用相关性原理,把纹理的搜索范围限制在当前点的邻域(图 3-9),大大减少了搜索空间,提高了合成的速度,使合成速度基本与样图大小无关。

4）重叠区的纹理合成处理

块拼接的纹理合成算法继非参数采样的纹理合成算法之后,在缩短纹理合成的时间、提升合成纹理的视觉效果等方面都比往的纹理合成算法有很大提高,而且可避免以往的算法容易引起的模糊、纹元错位等问题。这里如采用更合理的纹理合成单位,例如纹理片(块),不仅能提高纹理的合成速度,而且能够在合成纹理中更好地保持样本纹理的结构特征(图 3-10)。

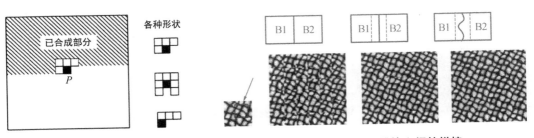

图 3-9　不同形状的纹理块　　　　　图 3-10　不同重叠块之间的拼接

3.4 逆块克里金法

3.4.1 研究背景

两景影像反映地表同一观测时段的辐射特征，因而二者存在相关性，各自影像内部存在地表连续性，可以从地统计学的克里金法着手，建立二者在公共区（common area）的相关性，用函数 F 表示地统计关系，再反推至预测区（图 3-11）。

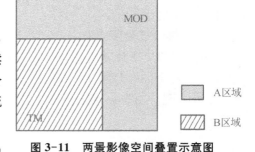

图 3-11　两景影像空间叠置示意图

$$A \bigcap B : MOD = F(TM) \quad (3-4)$$

$$A - B : TM = F^{-1}(MOD) \quad (3-5)$$

式中：A 表示 MODIS 的覆盖区域；B 表示 TM 的覆盖区域；F 表示函数关系式。

本书引入地统计学中的逆块克里金法（Inverse Block Kriging，IBK），在高斯分布和二阶平稳两个前提下，认为影像全局的期望和方差一致，公共区的地统计关系在预测区域（training area）同样适用，检验二阶平稳假设（second order stationary assumption）在遥感影像中的适用性，建立适用于全局的地统计特征（geostatistics parameters）。

3.4.2 研究思路

传统的块状克里金法是基于点的用加权值计算块的值，逆块克里金法刚好相反，是块状克里金法的逆运算（图 3-12）。这里，定义中分辨率影像在位置 x_i 处的像素灰度值 $Z(x_i)$，低分辨率影像在对应范围内像素的灰度值为 $Z(x_0^*)$。

$$Z(x_0^*) = \sum_{i=1}^{n} \lambda_i Z(x_i) \quad i = 1, 2, \cdots, n \quad (3-6)$$

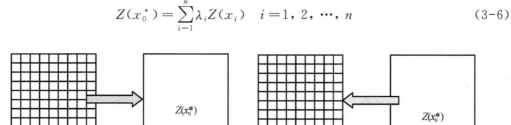

（a）块状克里金法示意图　　　　　　（b）逆块克里金法示意图

图 3-12　块状克里金法示意图和逆块克里金法示意图

其中解决难点集中在两方面：

1）得知影像全局的统计指标之后如何得到一定数量的观测值，这涉及随机变量模拟关键技术研究，目前主要有蒙特卡罗模拟方法、高斯模拟方法、协同克里金模拟方法、神经网络方法等。本书在全局统计指标一致的假设下,认为全局的统计指标可作为局部的统计指标来用,已知观测均值和方差得到对应的高斯函数,从中随机抽取一定数量的观测值。

2) 如何得到在小区域内中分辨率像元的具体数值,这涉及地学空间布局问题的研究。将一个低分辨率像元作为对应高分辨率像元集合的平均值,通过函数得到随机观测值,像素的空间布局需要考虑到空间相关性、连续性进行排布。

应用逆块克里金法的两个重要前提条件:中低分辨率影像良好的空间相关性是建立地统计函数的基础,对几何配准精度要求较高;预测区与训练区,乃至全局享有一致的空间统计特征,要求训练区的结构特征与预测区相似(例如训练区内有植被、建筑物、道路等具有代表性的地物)。这里,训练区为中低分辨率影像重叠部分中有代表性的样本影像,全局为低分辨率影像,预测区为待修补的中分辨率影像区域。

3.4.3　假设条件

在样本区,遥感影像的空间变异性一般用协方差函数(或变异函数)来描述,本算法为地统计中的理想情况:满足二阶平稳假设证明和正态高斯分布。此外对数据还有如下要求:

1) 影像局部和整体在变异函数的方向性和变程一致,由公共区建立的概率函数在整体同样适用;

2) 在几何校正要求方面,由于低分辨率影像上存在大量混合像元,对几何配准精度要求达到亚像元级;

3) 两种传感器的波段光谱范围相同,对应波段的中心基本一致;

4) 两种传感器对地物的光谱反映一致,表现为同时刻同地物的灰度值相同;

5) 两种传感器采集地物的时间一致,以减少动态变化对算法的影响;

6) 像素比率最大不超过 1∶5。

假设条件的验证包括以下内容:在证明二阶平稳假设之后[式(3-4)],要确定变异函数的方向性和变程[式(3-5)],如果变异函数只与距离有关,而和方向无关,则变异函数为各向同性 $\gamma(h)$,否则为各向异性 $\gamma(r, \theta)$。对于决定样本的空间位置而言,变程是变异函数中最重要的参数,通常样本点间距离不应大于变异函数的变程,最好是在 1/2 至 1/4 变程之间。

$$E[Z(x+h) - Z(x)]^2 = 2\gamma(h) \tag{3-7}$$

$$\gamma(h) = \frac{1}{2(n-k+1)} \sum_{i=0}^{n-k} [Z(x_i+k) - Z(x_i)]^2 \tag{3-8}$$

随后,根据样本的变异函数值 $\gamma^*(h)$ 建立变异函数模型 $\gamma(h)$。关于变异函数模型类型和选取原则,可以参考文献[42]。

3.4.4　实现技术

总体思路:第一步完成地统计参数的估计,采用逆块克里金法在样本区建立起地统计关系,表示为协方差函数和期望的形式。第二步完成随机变量模拟(random variable simulation),假设估计值满足高斯分布。第三步完成空间布局模拟,采用模拟退火遗传算法完成。

在样本区,遥感影像的空间变异性一般用协方差函数(或变异函数)来描述,根据变异函数和低分样本点值,在预测区进行条件模拟。

3.4.4.1 采用逆块克里金法估计地统计参数

总体思路:采用期望和协方差函数定义空间关系。在正态高斯分布和二阶平稳假设条件下,方程才能成立。

首先,定义整景影像的期望与方差为:

$$
\begin{aligned}
E(H_i \mid L_i) &= L_i + C_{H,L} C_{L,L}^{-1} L_i \\
\mathrm{Cov}(H_i \mid L_i) &= C_{H,L} C_{L,L}^{-1} C_{H,L}^{T}
\end{aligned}
\tag{3-9}
$$

式中:H_i 为中分辨率影像;L_i 为低分辨率影像,中分辨率影像实测值是以 $E(H_i \mid L_i)$ 为期望;$\mathrm{Cov}(H_i \mid L_i)$ 为协方差的二维正态分布(图3-13)。

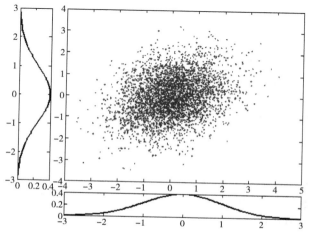

图3-13　一个二维正态分布示意图(两个维度间相关系数为 0.3)

如图3-13所示是一个二维正态分布(两个维度间相关系数为 0.3)的示意图。两个小图分别是第一和第二维度的边缘分布 PDF 图(都是标准正态分布 PDF)。右上角的大图是依据此二维正态联合分布生成的随机数。从随机数的疏密程度可以看出联合分布 PDF 函数在该区域的大小。

前一节已叙述了遥感影像服从二阶平稳假设,各向同性,所以公共区的统计指标可推至整景影像。下面是公共区的统计特征中的参数表达式,在公共区建立一个 $m \times m$ 移动窗口(例如 3×3),移动窗口在某位置 i 处,分别覆盖中分辨率影像 $m \times m$ 个像素,低分辨率影像 $n \times n$ 个像素(图3-14)。

式(3-9)中,对 H 经过归一化之后得到 H_{norm} 以便于过程解算,归一化过程如下:中分

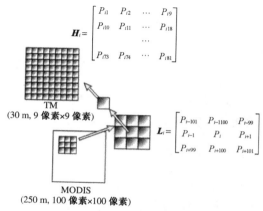

图3-14　空间插补模型流程图

辨率影像的像素值 H_{norm} 是由像素灰度值减去 $n \times n$ 窗内的低分辨率中心像素,低分辨率影像的像素值 L_{norm} 是由像素灰度值减去低分辨率 $m \times m$ 窗口内像素灰度均值。

在预测区域用同样的移动窗口完成中分辨率影像像素灰度值估计,通过式(3-9)得到预测区的统计特征,再进行反归一化。

然而以上步骤的目的不是仅仅得到统计参数,而是得到中分辨率影像像素的具体灰度值,它们以 $E(H_i \mid L_i)$ 为均值,以 $\mathrm{Cov}(H_i \mid L_i)$ 为协方差,对应的解决策略在下一节进行研究。

3.4.4.2 高斯分布下的随机变量模拟

前文研究使用克里金法运用协方差函数或变异函数估计随机函数,虽然变异函数定性地描述了随机函数的空间变异性,但无法得知某一特定的观测值或实现(observation/realization),它们具有相同的空间变异性(相同的统计特征和空间变异结果)。通俗地来说,前文研究完成了对随机函数的统计特征的刻画,如期望、协方差函数等参数,具体的观测值或实现还须在进一步约束下完成估计。研究这些分布不是目的,只是达到目的的手段。所需要做的事情是生成符合各种分布的随机数,即生成服从指定均值、标准差的正态分布的随机数。

3.4.4.3 模拟退火遗传算法模拟空间布局

布局问题是给定一个布局空间和若干待布物体,将待布物合理地摆放在空间中并满足必要的约束,并达到某种最优指标[43]。神经网络作为求解优化问题的一般性方法,模拟退火遗传算法(simulated annealing genetic algorithm)是随机神经网络模型的基础,广泛地应用于集成电路布图中划分、布局、总体布线、详细布线和压缩等各个方面,已经成为集成电路布图的基础算法。相对于神经网络模型,模拟退火遗传算法在集成电路布图中的应用研究要广泛、成熟、深入得多,理论上能够证明模拟退火能够收敛到全局最小值,但收敛到全局最小值所需的时间太长,遗传算法的收敛速度比模拟退火要快一些,但还不能证明它一定能够收敛到全局最小值。最近,结合模拟退火和遗传算法各自优点的模拟退火遗传算法越来越受到组合优化工作者的关注。

演算步骤:

Step 1　设置初始状态。

Step 2　计算初始估计值。后续详细分解步骤。

Step 3　判断结果。由于条件模拟的目标是得到接近于某点实测值的估计值,在随机场当中,观测不是唯一的,地表具有相关性和连续性,所以将像素间灰度相关性和时间连续性作为约束条件进行条件模拟。

是(Y):进入 Step 5。

否(N):进入 Step 4。

Step 4　交换位置,进入 Step 2。本书中 1 个低分辨率像素对应于 9×9 个中分辨率像素,需要 C_{81}^2 次实现,基本达到统计意义下的"遍历"。为了有效地分析,一般对 Step 2 输出的结果再次计算方差、均值、空间分布等统计量。

Step 5　结束。

其中,Step 2 为模拟退火遗传算法产生的四个步骤:

Step 2-1　由一个产生函数从当前解产生一个位于解空间的新解;为便于后续的计算

和接受,减少算法耗时,通常选择由当前新解经过简单的变换即可产生新解的方法,如对构成新解的全部或部分元素进行置换、互换等,注意到产生新解的变换方法决定了当前新解的邻域结构,因而对冷却进度表的选取有一定的影响。

Step 2-2 计算与新解所对应的目标函数差。因为目标函数差仅由变换部分产生,所以目标函数差的计算最好按增量计算。事实表明,对大多数应用而言,这是计算目标函数差的最快方法。

Step 2-3 判断新解是否被接受,判断的依据是一个接受准则,最常用的接受准则是Metropolis 准则:若 $\Delta t' < 0$ 则接受 S' 作为新的当前解 S,否则以概率 $\exp(-\Delta t'/T)$ 接受 S' 作为新的当前解 S。

Step 2-4 当新解被确定接受时,用新解代替当前解,这只需将当前解中对应于产生新解时的变换部分予以实现,同时修正目标函数值即可。此时,当前解实现了一次迭代。可在此基础上开始下一轮试验。而当新解被判定为舍弃时,则在原当前解的基础上继续下一轮试验。

模拟退火遗传算法与初始值无关,算法求得的解与初始解状态 S(是算法迭代的起点)无关;模拟退火遗传算法具有渐近收敛性,已在理论上被证明是一种以概率 1 收敛于全局最优解的全局优化算法;模拟退火遗传算法具有并行性。

3.4.5 处理流程(图 3-15)

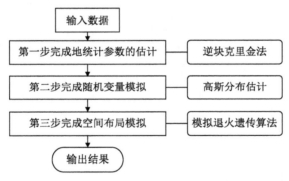

图 3-15 逆块克里金法流程图

说明:第一步完成地统计参数的估计,采用逆块克里金法在样本区建立起地统计关系,表示为协方差函数和期望的形式。第二步完成随机变量模拟(random variable simulation),假设估计值满足高斯分布。第三步完成空间布局模拟,采用模拟退火遗传算法完成。

3.5 遥感影像方法实现

3.5.1 算法评测标准制定

针对本章提出的模型系列,从算法本身自动化程度、应用性及效果两方面评估,提出算法评估准则如下：

1）接边处理能否实现自动化；

2）大小尺寸的自动化检测；

3）方法对不同复杂度纹理的适应性；

4）方法对不同尺寸缺损区的适用性；

5）算法的稳定性、鲁棒性。

3.5.2　试验及结果分析

前文阐述了两种影像空间修复模型，可以借鉴于图像修复技术和克里金法，本节将使用第一种空间修复模型——纹理合成技术做实例应用。数据源为 2009 年 5 月北京地区的 TM、MODIS 实景影像，基于二者在训练区的地理光谱特征，对北京北部和西部的 TM 影像的缺损信息进行修补。图 3-16 为 2009 年 5 月北京市 TM 影像和 MODIS 影像，图 3-17 为待修补的局部结果对比图，分别采于北京北部和西部。

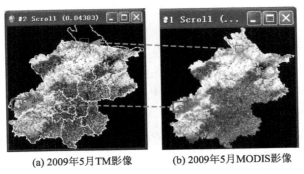

(a) 2009年5月TM影像　　　　(b) 2009年5月MODIS影像

图 3-16　2009 年 5 月北京市 TM 影像和 MODIS 影像

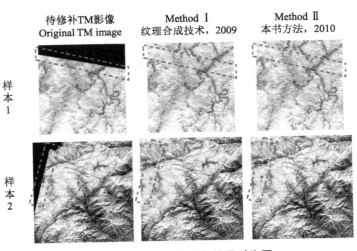

图 3-17　待修补的局部结果对比图

说明：样本 1 和样本 2 分别采于北京北部和西部 TM 覆盖不到的区域

效果评价：基于本书改进的方法，见图 3-17 最右一列，对边缘像素的处理过渡均匀，不存在原始方法的纹理块呈马赛克状的问题，见图 3-19 中间一列。

应用总结：2009 年 5 月一景 TM 在北部和西部未能完全覆盖北京市，本章对其所在位置分别提取两个样本进行试验，北京北部多为林地，西部多为山区，偶有耕地，但基本不种植冬小麦等主产作物。后续章节将在主产区单独提取耕地地块进行试验，本章不做介绍。

3.6　几种遥感影像空间修复方法

影像修复技术本质上根据影像已知部分的结构特征和纹理特征推断目标部分的相关特征。去云本质上是一个信息重构过程，可以有参考影像（同传感器其他时序影像或不同传感器同一时期的影像），也可没有参考影像，后者只能产生视觉上合理的结果，不能用于获取信息。目前，已有超过 80 种时空融合算法。从技术上讲，常见的遥感影像局部空间修复方法大体分为三类：基于图像的修复方法、基于多光谱互补的修复方法、基于多时相的修复方法[12-16]。

首先，基于图像的修复方法，指的是在没有其他辅助数据帮助的情况下，使用图像中的其余部分来重建遥感影像中少量缺失（或被云遮盖）区域的信息。在基于图像的修复方法中，该类别中最常见的方法是像素插值[44]，后来又引入了一些新技术，例如 Maalouf 等[45]提出的几何小波算法，Shen 和 Zhang[46]提出的最大后验（MAP）算法，Saini 和 Mathur Lorenzi[47]提出的基于稀疏矩阵的图像融合字典学习算法。此外，一些数字图像处理方法也可以用于此问题[12, 14, 15, 48-53]。一般而言，解决此问题的思路是通过从已知区域传播几何结构来合成缺失区域，再对目标区域搜索特征纹理斑块，并有序叠加产生视觉上合理的结果。该方法不能用于信息提取，适用于无云可视化，不适于修补缺失区域较大的情况。

其次，基于多光谱互补的修复方法，指的是利用同一影像或辅助影像其他光谱域信息反演图像上被雾霾和薄云遮盖区域的信息。在基于多光谱互补的修复方法中，通过对可见带空间特征的分析，Zhang 等[54]认为晴空条件下不同的表面覆盖类的光谱响应是高度相关的，提出了一种雾度优化变换（haze optimized transformation，HOT）方法，以辐射方式校正 Landsat 影像中被云和雾度遮挡的可见带数据。Rakwatin 等[55]利用 SAR 传感器极化相控阵 L 波段对云雾的穿透力，首先采用灰度共生测度（grey-level co-occurrence metrics，GLCM）作为搜索窗口内像素之间的纹理光谱和空间测度指标，其次采用支持向量机（support vector machine，SVM）和最大似然假设（maximum likelihood，ML）实现土地覆盖分类，估算热带雨林森林覆盖率和土地覆盖变化损失计算。Yuan 等[54]、Rakwatin 等[55]、Gladkova 等[56]研究了基于多光谱互补的方法还原影像信息。此类方法背后的基本思想是，通过对遮挡带和辅助带之间的关系进行建模，利用另一个完整且清晰的数据带来恢复数据的遮挡带。通常，所有基于多光谱互补的修复方法都受到光谱兼容性的限制，并且在处理厚厚的云层问题上往往会遇到困难[3, 20, 31, 56-61]。

最后，尽管基于图像的修复方法和基于多光谱互补的修复方法可以有效地重建信息并取得良好的效果,但它们在大型区域重建中往往会不尽人意。由于这两种方法具有相干一致性,不适合大面积重建。基于多时相的修复方法,指的是利用同一区域的多时相图像,通过获取的图像序列之间的光谱时间关系对影像进行局部修复的过程。Melgani[62]提出上下文多重线性预测和上下文非线性预测两种方法,分别实现预测局部光谱-时间关系。Salberg 和 Trier[63]基于隐马尔可夫模型算出最可能的状态序列和最小的状态错误概率,从而分析以规则时间间隔观察到的顺序图像。一般而言,解决此问题的思路是通过从已知区域传播变化趋势来合成缺失区域,再对目标区域搜索变化一致的区域特征予以替换,适用于修复浓云区域以及较大的缺失区域[11, 17, 26, 64-70]。

总的来说,遥感影像空间修复技术已经取得较大的进展,每一类方法在近些年都有新方法兴起,其普适性仍待进一步验证(表 3-2)。然而,针对目标区域地物影像变化较大或数据缺失严重等问题,至今还没有完全解决,仍然值得进一步深入研究[71]。

表 3-2　常见的遥感影像空间修复方法

类别	方法名称	算法优缺点
基于图像的修复方法[12, 15, 48-52]	基于示例的纹理合成方法	通过距离函数测量方法(如马尔可夫随机场模型或点脉冲函数等),以迭代形式找到目标区域的相似像素或特征图斑。适用于纹理信息的感知相似的情况,缺点是不尊重结构特征,导致逻辑错误
	基于示例的结构合成方法	使用统计特征约束采样纹理特征图斑。适用于在修补过程中同时处理纹理和结构的情况,缺点是它无法处理弯曲的结构,在求解过程中会误判像素的优先级,导致修复后视觉不一致
	基于扩散方法	使用 PDE 或扩散函数(如 Laplacian 函数)从边界区域到缺失区域的内部平滑地传播影像内容,同时填补缺失任何方向的区域。适用于修复任何方向的边界,缺点是已知区域上的虚假信息会传播到目标区域,此外平滑会糊化本该清晰的边界,该算法鲁棒性差一些,所耗时间长
	稀疏表示方法	假定同一幅图像上已知和未知区域共享相似的稀疏表示,假定已知区域可以以稀疏线性组合表示为完整的字典,可以自适应地推断目标像素,第一阶段修复损坏,第二阶段完善恢复的图像,使其与原始图像非常相似。缺点是只能修复垂直方向上的像素
	混合方法	基于能量函数分解为边界信息和纹理信息,分别采用基于示例纹理合成方法和基于扩散方法。适用于修复小间隙或具有曲率和边缘的结构,也能恢复纹理。缺点是计算复杂,且无法保证收敛
	卷积神经网络	基于稀疏矩阵和深度神经网络实现修复。需要大量原始图片训练,算法复杂,耗时较长
	生成对抗网络	训练有素的对抗网络增强了在目标区域像素和已知区域像素之间的连贯性,提高了修补图像的质量。缺点是会发生一致性损失、对抗性损失、特征损失

(续表)

类别	方法名称	算法优缺点
基于多时相的修复方法	NDVI 时序重建方法[67]	采用多景不同年份同时相同分辨率影像,辅助修复缺损区域信息,缺点是如果数据量少则不能反映地物覆盖随时间变化的真实信息
	LST 时序重建方法[70]	
	地表反射率时序重建方法[18]	
	时序替代方法[64]	
	时序回归方法[26]	
	回归树和直方图匹配方法[65]	
	小波融合方法[69]	
	时序学习方法[68]	
	SAR 辅助数据时序重建方法[66]	
	其他光学辅助数据时序重建方法[11]	
基于多光谱互补的修复方法	基于上下文预测方法[56]	采用多景不同分辨率同一日期影像,辅助修复缺损区域信息,能够较好补足缺失区域的地表覆盖和时相变化信息。所有这些方法通常限于光谱兼容性的传感器数据
	基于压缩感知预测方法[19]	
	基于时空马尔可夫随机场(MRF)全局函数[33]	
	基于信号传输原理和光谱混合物分析[59]	
	基于多时相字典学习的基于稀疏表示[20]	
	附加条件生成对抗网络(cGAN)[3]	
混合方法	基于深度学习+辅助数据方法[27]	融合了两种方法的优点,修复效果好。缺点是训练过程时间长且计算复杂,容易导致不收敛

3.6.1 基于图像修复的空间修复方法典型代表：基于特征图斑字典学习的自适应修复算法[72]

Meng 提出了基于特征图斑(patch)学习字典学习的自适应修复方法。在该算法中,输入图像只有单幅,待修复面积少于整体面积的 5%,其目标是寻找一套优化的修复技术。其思路是从无云区域的样本中学习了特征字典,然后通过稀疏表示来推断受云遮挡的部分。

具体步骤为：在特征图斑选择阶段,采用自适应特征图斑搜索及修复方法,可以保持图斑模型的次序正确以及结构信息连续性。在信息提取阶段,为了解决从不完整的度量中重建完整信息的难题,提出了一种改进的正交匹配追踪算法(the modified orthogonal matching pursuit,OMP)。在修复阶段,考虑采用具有自适应参数的邻域一致性约束来构建范数最小化模型以检索厚云下的丢失信息,这样可以保证合成纹理与周围信息的一致性。通过实验证明,所提出的方法表现优于现有主流方法,可以很好地保持填充结构的连续性和合成纹理的一致性,产生良好的平滑效果和边缘效果。技术流程图见图 3-18。

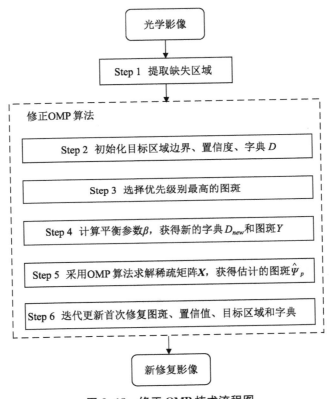

图 3-18　修正 OMP 技术流程图

3.6.1.1　自适应特征图斑搜索及修复方法

特征图斑就同鳞片一样,以同样的次序依次填补修复区域内部。传统的特征图斑模型的次序局限性导致纹理信息无法完美地贴合待修复的区域;此外,修复算法本身也无法提供完美的解决策略,导致结构信息无法被准确修复,故提出基于稀疏字典学习的自适应补丁修复方法。

纹理信息即内部重复图案。为了保持纹理信息的一致性,特征图斑优先级以有轮廓或边界为最高,然后按一定次序智能修复。优先级别的计算公式为：

$$P(p) = T_{[\zeta, 1]}[S(p)] \cdot C(p) \tag{3-10}$$

式中：$C(p) = \sum_{q \in \Psi_p \cap \Omega} c(q) / |\Psi_p|$,表示待修复的特征图斑 Ψ_p 的置信度,其中 $c(q)$

表示像素 q 的置信度,经过一系列的迭代计算,像素的置信度更新为新值 $C(p)$;$T_{[\zeta,1]}$ 是 $S(p)$ 线性表达式。有更高结构特征置信度的图像图斑优先得到修补。

结构信息即边界和轮廓。为了保持待填补区域结构信息从逻辑上与周围结构一致,不发生中断和变化,按照既定的生长机制延伸。算法中,考虑已知部分对缺失部分的约束,该约束附加到缺失部分的特征字典学习中,表达为:

$$\hat{\Psi}_p = \sum x_k d_k = DX \qquad \| \pi_\Omega(\hat{\Psi}_p) - \pi_\Omega(\Psi_p) \|_F^2 \leqslant \varepsilon \qquad (3\text{-}11)$$

考虑到待修复的特征图斑 Ψ_p 不能直接得到,可以用估算的 $\hat{\Psi}_p$ 近似表达,$\hat{\Psi}_p$ 可表达为字典 D 和稀疏矩阵 X 的线性表达式。

将二式合并为一式:

$$\min \| X \|_0, \text{ s.t. } \| Y - D_{new}X \|_F^2 \leqslant \varepsilon \qquad (3\text{-}12)$$

由于每个信号 y_i 可分解为当字典 D 存在时有若干个稀疏解 x_i,因此,对该问题施加了稀疏约束 $\min \| X \|_0$,字典学习的问题是通过求解来找到最优字典。其中 $Y = [y_1, y_2, \cdots, y_N]$,$X = [x_1, x_2, \cdots, x_N]$,$\| \cdot \|_F$ 表示 Frobenius 范数。基于 K-SVD 的字典学习算法[1]是 K-means 聚类算法的推广。

3.6.1.2　修正 OMP 算法和修复算法

改进的正交匹配追踪算法根据归一化字典范数求解原子数量,很好地权衡了计算成本和邻域一致性。

第一步,提取缺失区域。图像 I 中分为已知区域 Ω 和目标区域 $\overline{\Omega}$。图像修复的目标是利用区域 Ω 中的已知信息修复区域 $\overline{\Omega}$。用 $\partial\overline{\Omega}$ 表示区域 $\overline{\Omega}$ 的边界,Ψ_p 表示以像素 p 为中心的待修复色块,$N(p)$ 表示以像素 p 为中心的比 Ψ_p 尺寸略大的搜索窗口。

第二步,初始化目标区域的边界 $\partial\overline{\Omega}$、像素 q 的置信度 $c(q)$、字典 D。

第三步,选择目标区域内待修复图斑原则。对 $\forall p \in \partial\overline{\Omega}$,计算图斑 Ψ_p 与相邻图斑间的相似度,得到待修复图斑 Ψ_p 的置信度 $C(p)$ 与结构稀疏性 $S(p)$,利用式(3-10)计算图斑优先级 $P(p)$,选择优先级别最高的待修复图斑。

第四步,修复特征图斑。初始化参数:C,ζ,ε。计算平衡参数 β,获得新计算的字典 D_{new} 和新生成的图斑 Y。

第五步,采用 OMP 算法求解稀疏矩阵 X,获得估计的图斑 $\hat{\Psi}_p$。

第六步,迭代更新首次修复图斑、置信值、目标区域和字典。

最后输出最终修复的图斑。

3.6.1.3　厚云区域迭代修复

每次修补特征图斑修复之后,新填充的特征图斑都会增加特征字典 D,这可能会扩展字典的多样性,从而更好地修补其余特征图斑。在后续过程中,将执行自适应特征图斑修补的迭代操作。也就是说,重复特征图斑选择和特征图斑修补,直到被厚厚的云层遮挡的缺失区域被完全修复为止。

3.6.2　基于多光谱互补的空间修复方法典型代表：SAR 数据辅助＋深度残差神经网络算法[27]

Meraner[27]提出一套基于深度残差神经网络算法和 SAR 数据去除 Sentinel-2 中云的方法。该方法有两个优势：在数据层面，利用 SAR 数据的全天候优势以及 Sentinel-1/2 两个成像系统的协同优势将其用于训练模型，以指导图像修复；在技术层面，设计了一种深度残差神经网络架构，训练深度神经网络（deep neural networks, DNN）来修复云区，修复遮挡云区覆盖率可以在 20% 和 70% 之间。其关键技术为：首先，盲目增加神经网络层数会导致退化问题，故提出了 ResNet 的快捷连接架构残差网络，将信息通过快捷路径传递，避免了信息损耗问题和训练参数准确性过度饱和问题。其次，为了将光谱信息和空间信息整合以恢复遮挡区域图像重建工作，提出面向 SAR 数据的 DSen2-CR 图像重建方法。此外，为了尽可能多地保留输入图像的信息，这里提出了云自适应正则化减损算法。最后，样本训练时，所选的影像云覆盖率应在 20% 和 70% 之间，保证该方法的遮挡范围变化的普适性较好。SAR 数据辅助＋深度残差神经网络算法技术流程图见图 3-19。

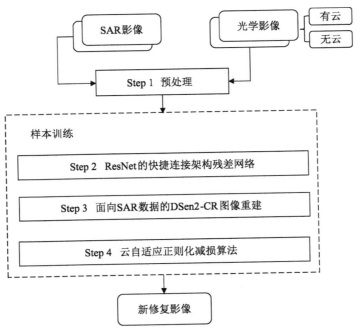

图 3-19　SAR 数据辅助＋深度残差神经网络算法技术流程图

3.6.2.1　ResNet 的快捷连接架构残差网络

首先，求解残差。一般来说，在卷积神经网络（CNN）中，输入的是图像矩阵，整个 CNN 网络就是一个信息提取的过程，从底层的特征逐渐抽取到高度抽象的特征，网络的层数越多也就意味着能够提取到的不同级别的抽象特征更加丰富，并且越深的网络提取的特征越抽象，就越具有语义信息。但是不能简单地增加网络层数。简单地增加网络的深度，容易导致梯度消失；此外，会导致另一个问题，即退化问题。随着网络层数的增加，在训练集上的准确

率却饱和甚至下降了。这里,把网络修改设计成:

$$H(x) = F(x) + x \Rightarrow F(x) = H(x) - x \qquad (3-13)$$

式中:$H(x)$ 是输入;x 是整个输入输出的映射;$F(x)$ 是残差。

其次,进行身份映射。深度残差网络与普通的神经网络的最大区别在于,深度残差网络有很多旁路的支线将输入直接连到后面的层,使得后面的层可以直接学习残差,这些支路就叫做快捷路径(shortcut,图 3-20)。传统的全连接层在信息传递时,或多或少存在信息丢失、损耗等问题。ResNet在某种程度上解决了这个问题,直接将输入信息绕道传到输出,保护信息的完整性,整个网络则只需要学习输入、输出差别的那一部分,简化学习目标和难度。

基于深层残余学习框架,将学习经验构造的映射作为浅层的对象,可以避免增加层数导致精度饱和。这样做的好处是,深度的残差网更容易优化,深度的残差网可以不断加深,不断提高精度。

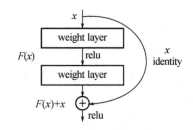

图 3-20 待修补的局部结果对比图

3.6.2.2 面向 SAR 数据的 DSen2-CR 图像重建

Sentinel-1 卫星搭载了 C-SAR 传感器,该传感器可在任何天气条件下提供中分辨率和高分辨率 SAR 数据,保证 C 波段 SAR 数据连续性。Sentinel-1 数据来自两个极化通道(VV 和 VH)采集的 Level-1 GRD 产品。Sentinel-2 上搭载了 13 个波段的多光谱仪,其中4 个为 10 m 高分辨率波段,6 个为 20 m 中分辨率波段,3 个为 60 m 中分辨率波段。

利用 SAR 影像作为先验知识,影像的 SAR 通道仅与输入光学影像的其他通道连接。在网络内部开展从 SAR 到光学波段的非线性转换以及云的检测和处理隐式学习[73]。

3.6.2.3 云自适应正则化减损算法

输入训练样本时,采集的 SAR 影像和可见光影像可能会不在同一天,但在同一季节内。为了使输入图像中尽可能多的信息得到保留,这里提出了云自适应正则化减损算法。该算法是将二进制云和云阴影掩码(binary cloud and cloud-shadow mask,CSM)合并到损失计算中,并使用此信息来指导学习过程。为避免这种影响,在预测和目标之间使用经典平均绝对误差损失形式的附加目标,正则化表达式如下:

$$L_{CARL} = \frac{\overbrace{\| CSM \odot (P-T) + (1-CSM) \odot (P-I) \|_1}^{cloud\text{-}adaptive\ part}}{N_{tot}} + \lambda \frac{\overbrace{\| P-T \|_1}^{t\ arg\ et\ reg.\ part}}{N_{tot}} \qquad (3-14)$$

式中:N_{tot} 是光学影像所有通道中的像素总数;P、T、I 分别表示预测影像、目标影像和输入影像;$CSM\odot$ 表示影像之间的差异是逐元素的,并应用于所有波段;等式右边第二项是在预测和目标之间使用经典平均绝对误差损失形式,λ 为正则化因子。

3.6.2.4 样本训练

训练过程采集了 169 个 ROI,对其中 149 个场景进行训练,10 个场景进行验证和 10 个场景进行测试,样本采集点范围遍布全球地表(图 3-21)。每个 ROI 由三幅影像组成,这三幅影像包括有云日和无云日 Sentinel-2 影像,以及对应的 Sentinel-1 影像,均经过几何校正、辐射校正。其中,有云日影像的云覆盖率在 20％和 70％之间,无云日影像的云覆盖率在 10％以下。

图 3-21　待修补的局部结果对比图

3.6.3　基于多时相的空间修复方法典型代表：稀疏正则张量优化算法[74]

Duan[74] 提出了一种基于时间平滑和稀疏正则张量优化(temporal smoothness and sparsity regularized tensor optimization，TSSTO)的遥感影像厚云去除方法。TSSTO 方法包括三个步骤：首先,根据采集时间将影像排列到张量。使用单向总变化调整器来确保不同方向的平滑度,并使用稀疏性规范增强云元素的稀疏性。然后,采用阈值法区分云遮挡区域并替换为初步重建影像中对应区域。最后,为了恢复细微的纹理信息,选择参考影像以重建修复区域的细节。对来自不同传感器且分辨率不同的影像进行了一系列试验,结果证明所提出的 TSSTO 方法无论是从定性还是从定量角度对去除云和云影的潜力都十分巨大。TSSTO 技术流程图见图 3-22。

3.6.3.1　基于时间平滑度和稀疏度的张量优化

输入为遥感光学时序影像,采用张量形式重新排序表达为一组遥感时序影像 $I \in \mathbf{R}^{m \times n \times t}$。$D$ 为整幅图像,C 和 B 分别为有云区域(待修复目标区域)和云未遮挡区域(已知区域)。分别从水平梯度、垂直梯度、时间梯度来表示去云模型,表达式为：

$$\underset{B,C}{\mathrm{argmin}} \lambda_1 \| \nabla_x C \|_1 + \lambda_2 \| \nabla_y C \|_1 + \lambda_3 \| \nabla_z B \|_1 + \lambda_4 \| C \|_{2,1} \tag{3-15}$$

$$\mathrm{s.t.} \ D = B + C, \ B \geqslant 0$$

式中：∇_x、∇_y、∇_z 分别表示水平维、垂直维和时间维的导数运算符；λ_1、λ_2、λ_3、λ_4 是不同信息源权重的调整参数。式(3-15)中第一项和第二项表示增强云/阴影元素的平滑度,第三项表示约束时间平滑度,第四项表示云/阴影的组稀疏性。

3.6.3.2　基于对抗模型的多变量优化

式(3-15)提出的模型是一个凸优化问题。本书利用 Boyd 等[75] 提出的交替方向乘法 (alternating direction method of multipliers，ADMM)框架来解决所提出的模型。在

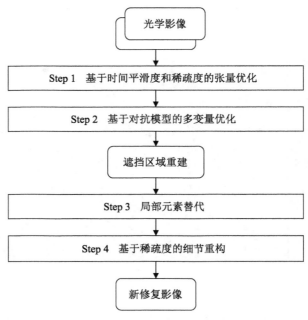

图 3-22　TSSTO 技术流程图

ADMM 框架中，变量是迭代更新的，通过固定其他变量的情况下交替优化一个变量来解决优化问题。为了适合 ADMM 框架，将受约束的方程式(3-15)重写为：

$$\mathop{\arg\min}\limits_{A,\,C,\,H,\,V,\,T} \lambda_1 \parallel H \parallel_1 + \lambda_2 \parallel V \parallel_1 + \lambda_3 \parallel T \parallel_1 + \lambda_4 \parallel A \parallel_{2,1}$$

$$A = C,$$
$$H = \nabla_x C,$$
$$\mathrm{s.t.}\ V = \nabla_y C,$$
$$T = \nabla_z (D - C),$$
$$D \geqslant C \tag{3-16}$$

采用增广拉格朗日乘子法(augmented lagrangian method，ALM)方法来优化方程式(3-16)，使用增广拉格朗日乘子法将约束优化问题替换为无约束问题，并向目标添加了惩罚项[76]。

文献中可以通过优化以下五个子问题来解决多变量优化任务。从理论上讲，ADMM 框架确保了所提出算法的收敛性。

3.6.3.3　局部元素替代

在执行上述模型后，采用阈值法就能很好地区分目标区域和已知区域。具体而言，如果云/阴影元素中的像素的值大于云阈值，则将其视为云像素。类似地，如果像素的值小于阴影阈值，则将其视为阴影像素。利用张量 B 替代云遮挡区域 $I_{Oi}^{\Omega} \rightarrow I_{Bi}^{\Omega}$。

3.6.3.4　基于稀疏度的细节重构

在初步恢复了云遮挡区域之后，由于信息克隆使用像素梯度而不是像素强度来处理图像，为了使得恢复区域看起来更加逼真，可以用边界条件优化方法重建优化结果，表达式如下：

$$\min_f \iint_\Omega \mid \nabla f - W \mid^2, \text{ with } \quad f \mid \partial\Omega = f' \mid \partial\Omega \tag{3-17}$$

式中：∇ 表示梯度算法。

范数的最小值表示目标位置的梯度应与已知区域的引导梯度一致。通过解决该问题，可以获得无缝的云重构图像。

$$w(s) = \begin{cases} \nabla f'(s) & if \mid \nabla f'(s) \mid > \mid \nabla r(s) \mid \\ \nabla r(s) & otherwise \end{cases}, \text{ for all } s \in \Omega \tag{3-18}$$

式中：r 表示参考影像；$w(s)$ 表示已知区域 Ω 内像素 s 处的梯度。

3.7　小结

本章就遥感信息空间缺损问题提出了两个解决策略：改进纹理合成技术是在原有纹理块合成技术（examplar-based completion）的基础上在边缘处理和样本形状、样本选取尺寸方面改进并创建了新模型，在保持原态的基础上优化了边缘处理效果；采用逆块克里金技术解决该问题是一种新思路和视角，本书证明该思路是理论正确的算法，结果精度高但伴随着计算量比较大，因为要计算参数的估计值。

3.7.1　研究取得成果

首先，在前人工作的基础上，继承了纹理合成算法简单实用的优点，改善了边缘结构信息效果，提出了改进纹理合成技术，构建了新的纹理样本模型并编程实现。该模型参数（a，b）尺寸大小、长短半径之比可调，样本块与待填充区域的匹配准则则根据分类结果（l，θ）完成自动布局，此外，关于边缘处理采用一定的重置区域和羽化处理，可以实现较好的区域填充（texture synthesis）和边缘信息修补（structure information synthesis）的双重应用目的。以上方法的特点是简单、测度自动获取。

其次，指出 GIS 矢量空间适用的空间变异性函数在遥感影像也同样适用，证明了其适用条件，并反其道而行之提出一种基于逆块克里金模型的解决思路，深入研究了实现算法的技术路线。遥感影像的空间变异性一般用协方差函数（或变异函数）来描述，该算法只需输入有大范围重叠区的中低分影像，根据变异函数和低分样本点值，在预测区就可条件模拟出中分影像。该技术可以实现区域填充（texture synthesis）和结构信息修补（structure information synthesis）双重应用目的。但不足之处是对于遥感影像来说，后续计算量庞大。

本章提出两种影像空间修补技术：纹理合成填补技术和逆块克里金算法，并对前者进行试验。相较之下，前者已具有一定的理论体系，可以实现算法结果；后者在原有逆块克里金模型基础上，引入高斯分布下的随机变量模拟方法和遗传-退火算法，从地统计学的角度形成一种新的影像空间插补方法，并给出了技术实现流程，可预测云覆盖及局部缺损的区域信息，有效地解决了空间缺损信息的修补。总体来说，空间插补技术是一种图像仿真技术，预测区域的效果从主观视觉感觉较为流畅,并且有据可依。

3.7.2 进一步研究方向

利用已知遥感影像预测空白区域影像将会是影像合成的一个发展方向,既是挑战又是机遇。算法中可进一步研究。

本书提出的逆块克里金方法尚未实现尺度分级,随着分形理论和小波理论的引入,可以实现纹理样本尺寸分级自适应处理;如建立方向矢量场,可以控制模型的方向;随着图像修补理论基础的进一步成熟,有望实现自动化。

将地学统计应用于遥感影像合成领域是一个尚未充分开启的大门,笔者希望在今后的工作中能进一步研究,同时希望图像处理的同行给予指点,提出宝贵意见。

［1］ Aharon M，Elad M，Bruckstein A. K-SVD：an algorithm for designing overcomplete dictionaries for sparse representation［J］. IEEE Transactions on Signal Processing，2006，54(11)：4311-4322.

［2］ Gao J H，Yuan Q Q，Li J，et al. Cloud removal with fusion of high resolution optical and sar images using generative adversarial networks［J］. Remote Sensing，2020，12(1)：191.

［3］ Grohnfeldt C，Schmitt M，Zhu X. A conditional generative adversarial network to fuse sar and multispectral optical data for cloud removal from sentinel-2 images［C］//2018 IEEE International Geoscience and Remote Sensing Symposium. Valencia，2018.

［4］ Nadimi S，Bhanu B. Moving shadow detection using a physics-based approach［C］//2002 IEEE Conference on Object Recognition Supported by User Interaction for Service Robots. Vancular，2002.

［5］ Martel-Brisson N，Zaccarin A. Kernel-based learning of cast shadows from a physical model of light sources and surfaces for low-level segmentation［C］//2008 IEEE Conference on Computer Vision and Pattern Recognition. Anchorage，2008.

［6］ Chondagar V，et al. A review：shadow detection and removal［J］. International Journal of Computer Science and Information Technologies，2015，6(6)：5536-5541.

［7］ Mostafa Y. A review on various shadow detection and compensation techniques in remote sensing images［J］. Canadian Journal of Remote Sensing，2017，43(6)：545-562.

［8］ Sanin A，Sanderson C，Lovell B C，Shadow detection：a survey and comparative evaluation of recent methods［J］. Pattern Recognition，2012，45(4)：1684-1695.

［9］ 姜侯,吕宁.单幅光学遥感影像去霾算法及评价综述［J］.中国图象图形学报,2019,24(9)：1416-1433.

［10］ Kudo Y，Kubota A. Image dehazing method by fusing weighted near-infrared image［C］//2018 International Workshop on Advanced Image Technology (IWAIT). Chiang Mai，2018.

［11］ Li Z W，Sheng H F，Cheng Q，et al. Thick cloud removal in high-resolution satellite images using stepwise radiometric adjustment and residual correction［J］. Remote Sensing，2019，11(16)：1925.

［12］ Elharrouss O，Almaadeed N，Al-Maadeed S，et al. Image inpainting：a review［J］. Neural Processing Letters，2020，51(2)：2007-2028.

［13］ Ghassemian H. A review of remote sensing image fusion methods［J］. Information Fusion，2016，32：75-89.

［14］ Pushpalwar R T，Bhandari S H. Image inpainting approaches-a review［C］//2016 IEEE Conference on Advanced Computing (IACC). Bhimavaram，2016.

[15] Rojas D J B, Fernandes B J T, Fernandes S M M. A review on image inpainting techniques and datasets[C]//2020 IEEE Conference on Graphics, Patterns and Images (SIBGRAPI). Porto de Galinhas, 2020.

[16] Solanky V, Katiyar S. Pixel-level image fusion techniques in remote sensing: a review[J]. Spatial Information Research[J], 2016, 24(4): 475-483.

[17] Angel Y, Houborg R, McCabe M F. Reconstructing cloud contaminated pixels using spatiotemporal covariance functions and multitemporal hyperspectral imagery[J]. Remote Sensing, 2019, 11(10): 1145.

[18] Kalkan K, Maktav D, Bayram B. Shoreline extraction from cloud removed Landsat 8 image: case study lake Ercek, Turkey[R]. Mathematical Modeling of Real World Problems, 2019.

[19] Lorenzi L, Melgani F, Mercier G. Missing-area reconstruction in multispectral images under a compressive sensing perspective[J]. IEEE Transactions on Geoscience and Remote Sensing, 2013, 51(7): 3998-4008.

[20] Xu M, Jia X P, Pickering M, et al. Cloud removal based on sparse representation via multitemporal dictionary learning[J]. IEEE Transactions on Geoscience and Remote Sensing, 2016, 54(5): 2998-3006.

[21] Cheng Q, Shen H F, Zhang L P, et al. Missing information reconstruction for single remote sensing images using structure-preserving global optimization[J]. IEEE Signal Processing Letters, 2017, 24(8): 1163-1167.

[22] Xiao M Y, Zhang G H, Breitkopf P, et al. Extended Co-Kriging interpolation method based on multi-fidelity data[J]. Applied Mathematics and Computation, 2018, 323: 120-131.

[23] Hu G S, Li X Y, Liang D. Thin cloud removal from remote sensing images using multidirectional dual tree complex wavelet transform and transfer least square support vector regression[J]. Journal of Applied Remote Sensing, 2015, 9(1): 095053.

[24] Xu M, Jia X P, Pickering M, et al. Thin cloud removal from optical remote sensing images using the noise-adjusted principal components transform[J]. ISPRS Journal of Photogrammetry and Remote Sensing, 2019, 149: 215-225.

[25] Lv H, Wang Y, Shen Y. An empirical and radiative transfer model based algorithm to remove thin clouds in visible bands[J]. Remote Sensing of Environment, 2016, 179: 183-195.

[26] Chen B, Huang B, Chen L F, et al. Spatially and temporally weighted regression: a novel method to produce continuous cloud-free Landsat imagery[J]. IEEE Transactions on Geoscience and Remote Sensing, 2016, 55(1): 27-37.

[27] Meraner A, Ebel P, Zhu X X, et al. Cloud removal in Sentinel-2 imagery using a deep residual neural network and SAR-optical data fusion[J]. ISPRS Journal of Photogrammetry and Remote Sensing, 2020, 166: 333-346.

[28] Dai P Y, Ji S P, Zhang Y J. Gated Convolutional Networks for Cloud Removal From Bi-Temporal Remote Sensing Images[J]. Remote Sensing, 2020, 12(20): 3427.

[29] Zhang Q, Yuan Q Q, Li J, et al. Thick cloud and cloud shadow removal in multitemporal imagery using progressively spatio-temporal patch group deep learning[J]. ISPRS Journal of Photogrammetry and Remote Sensing, 2020, 162: 148-160.

[30] Yan L, Roy D P. Large-area gap filling of Landsat reflectance time series by spectral-angle-mapper

based spatio-temporal similarity (SAMSTS)[J]. Remote Sensing, 2018, 10(4): 609.

[31] Cheng Q, Shen H F, Zhang L P, et al. Cloud removal for remotely sensed images by similar pixel replacement guided with a spatio-temporal MRF model[J]. ISPRS Journal of Photogrammetry and Remote Sensing, 2014, 92: 54-68.

[32] Roy S, Sangineto E, Sebe N, et al. Semantic-fusion gans for semi-supervised satellite image classification[C]//2018 IEEE Conference on Image Processing (ICIP). Athens, 2018.

[33] Cheng J X, Li Z D. Markov random field-based image inpainting with direction structure distribution analysis for maintaining structure coherence[J]. Signal Processing, 2019(154): 182-197.

[34] Ding D, Ram S, Rodríguez J J. Image inpainting using nonlocal texture matching and nonlinear filtering[J]. IEEE Transactions on Image Processing, 2018, 28(4): 1705-1719.

[35] Zhang J, Yu Y, Ye Q Q, et al. An improved BSCB image inpainting method[J]. Journal of System Simulation, 2011(7): 277-281.

[36] Yu H. Nonlocal curvature-driven diffusion model for image inpainting[R]. 2009 IEEE Conference on Information Assurance and Security. Wuhan, 2009.

[37] Gia Pham T, Kappas M, van Huynh C, et al. Application of ordinary kriging and regression kriging method for soil properties mapping in hilly region of Central Vietnam[J]. ISPRS International Journal of Geo-Information, 2019, 8(3): 147.

[38] Castrignanò A, Quarto R, Venezia A, et al. A comparison between mixed support kriging and block cokriging for modelling and combining spatial data with different support[J]. Precision Agriculture, 2019, 20(2): 193-213.

[39] Tolosana-Delgado R, Mueller U, van den Boogart K G, et al. Compositional block cokriging, in mathematics of planet earth[M]. Berlin: Springer, 2014: 713-716.

[40] Gibson J J. The perception of the visual world[M]. Boston: Houghton Mifflin, 1950.

[41] Wei L Y, Levoy M. Order-independent texture synthesis[J]. arXiv preprint arXiv: 1406.7338, 2014.

[42] Glassner A S. Principles of digital image[M]. Elsevier: Elsevier, 2014.

[43] Franconi L, Jennison C. Comparison of a genetic algorithm and simulated annealing in an application to statistical image reconstruction[J]. Statistics and Computing, 1997, 7(3): 193-207.

[44] Rossi R E, Dungan J L, Beck L R. Kriging in the shadows: geostatistical interpolation for remote sensing[J]. Remote Sensing of Environment, 1994, 49(1): 32-40.

[45] Maalouf A, Carre P, Augereau B, et al. A bandelet-based inpainting technique for clouds removal from remotely sensed images[J]. IEEE Transactions on Geoscience and Remote Sensing, 2009, 47(7): 2363-2371.

[46] Shen H F, Zhang L P, Huang B, et al. A map approach for joint motion estimation, segmentation, and super resolution[J]. IEEE Transactions on Image Processing, 2007, 16(2): 479-490.

[47] Saini L K, Mathur P. Analysis of dictionary learning algorithms for image fusion using sparse representation[C]//2020 IEEE Conference on Inventive Research in Computing Applications (ICIRCA). Coimbatore, 2020.

[48] 李梅菊, 祁清. 数字图像修复技术综述[J]. 信息通信, 2016, 29(2): 130-131.

[49] 强振平, 何丽波, 陈旭, 等. 深度学习图像修复方法综述[J]. 中国图象图形学报, 2019, 24(3): 447-463.

[50] 徐黎明, 刘航江. 数字图像处理技术研究综述[J]. 软件导刊, 2016, 15(3): 181-182.

［51］杨书焓，谭斌. 深度图像修复算法综述［J］. 计算机产品与流通，2019(2)：110.

［52］张燕. 数字图像修复技术研究［D］. 成都：成都理工大学，2008.

［53］Jam J, Kendrick C, Drouard V, et al. R-MNet：a perceptual adversarial network for image inpainting［C］//Proceedings of the IEEE/CVF Winter Conference on Applications of Computer Vision，2021.

［54］Zhang Y, Guindon B, Cihlar J. An image transform to characterize and compensate for spatial variations in thin cloud contamination of Landsat images［J］. Remote Sensing of Environment，2002，82(2/3)：173-187.

［55］Rakwatin P, Longépé N, Isoguchi O, et al. Potential of ALOS PALSAR 50m mosaic product for land cover classification in tropical rain forest［C］//Proceedings of the Asian Conference on Remote Sensing (ACRS). Beijing，2009.

［56］Feng J Z, Bai L Y, Tang H, et al. A new context-based procedure for the detection and removal of cloud shadow from moderate-and-high resolution satellite data over land［C］//2010 IEEE International Geoscience and Remote Sensing Symposium. Honolulu，2010.

［57］Gladkova I, Grossberg M, Bonev G, et al. A multiband statistical restoration of the Aqua MODIS band［C］//Proceedings of SPIE. San Francisco，2011.

［58］Rakwatin P, Longépé N, Isoguchi O, et al. Using multiscale texture information from ALOS PALSAR to map tropical forest［J］. International Journal of Remote Sensing，2012，33(24)：7727-7746.

［59］Xu M, Pickering M, Plaza A J, et al. Thin cloud removal based on signal transmission principles and spectral mixture analysis［J］. IEEE Transactions on Geoscience and Remote Sensing，2015，54(3)：1659-1669.

［60］Yuan Q Q, Zhang L P, Shen H F. Hyperspectral image denoising employing a spectral-spatial adaptive total variation model［J］. IEEE Transactions on Geoscience and Remote Sensing，2012，50(10)：3660-3677.

［61］Yuan Q Q, Zhang L P, Shen H F. Hyperspectral image denoising with a spatial-spectral view fusion strategy［J］. IEEE Transactions on Geoscience and Remote Sensing，2013，52(5)：2314-2325.

［62］Melgani F. Contextual reconstruction of cloud-contaminated multitemporal multispectral images［J］. IEEE Transactions on Geoscience and Remote Sensing，2006，44(2)：442-455.

［63］Salberg A-B, Trier Ø D. Temporal analysis of forest cover using hidden Markov models［C］. 2011 IEEE International Geoscience and Remote Sensing Symposium. Vancouver，2011.

［64］Gao G M, Gu Y F. Multitemporal Landsat missing data recovery based on tempo-spectral angle model［J］. IEEE Transactions on Geoscience and Remote Sensing，2017，55(7)：3656-3668.

［65］Helmer E H, Ruefenacht B. Cloud-free satellite image mosaics with regression trees and histogram matching［J］. Photogrammetric Engineering & Remote Sensing，2005，71(9)：1079-1089.

［66］Huang B, Li Y, Han X Y, et al. Cloud removal from optical satellite imagery with SAR imagery using sparse representation［J］. IEEE Geoscience and Remote Sensing Letters，2015，12(5)：1046-1050.

［67］Julien Y, Sobrino J A. Comparison of cloud-reconstruction methods for time series of composite NDVI data［J］. Remote Sensing of Environment，2010，114(3)：618-625.

［68］Shao Z F, Cat J J, Fu P, et al. Deep learning-based fusion of Landsat-8 and Sentinel-2 images for a harmonized surface reflectance product［J］. Remote Sensing of Environment，2019，235(12)：111425.

［69］Tseng D C, Tseng H T, Chien C L. Automatic cloud removal from multi-temporal SPOT images［J］. Applied Mathematics and Computation，2008，205(2)：584-600.

[70] Zeng C, Long D, Shen H F, et al. A two-step framework for reconstructing remotely sensed land surface temperatures contaminated by cloud[J]. ISPRS Journal of Photogrammetry and Remote Sensing, 2018, 141: 30-45.

[71] Kaur H, Koundal D, Kadyan V. Image fusion techniques: a survey[J]. Archives of Computational Methods in Engineering, 2021(1): 1-23.

[72] Meng F, Yang X Y, Zhou C H, et al. A sparse dictionary learning-based adaptive patch inpainting method for thick clouds removal from high-spatial resolution remote sensing imagery[J]. Sensors, 2017, 17(9): 2130.

[73] Lanaras C, Bioucas-Dias J, Galliani S, et al. Super-resolution of Sentinel-2 images: learning a globally applicable deep neural network[J]. ISPRS Journal of Photogrammetry and Remote Sensing, 2018, 146: 305-319.

[74] Duan C X, Pan J, Li R. Thick cloud removal of remote sensing images using temporal smoothness and sparsity regularized tensor optimization[J]. Remote Sensing, 2020, 12(20): 3446.

[75] Boyd S, Parikh N, Chu E. Distributed optimization and statistical learning via the alternating direction method of multipliers[M]. Boston: Now Publishers Inc, 2011.

[76] Tosserams S, Etman L F P, Papalambros P Y, et al. An augmented Lagrangian relaxation for analytical target cascading using the alternating direction method of multipliers[J]. Structural and Multidisciplinary Optimization, 2006, 31(3): 176-189.

第4章 遥感影像融合技术

除了以空间修复和时序插补为目的的图像融合以外,还有以获得决策知识为目的的图像信息丰度融合,即整合多样化成像传感器的光谱信息、空间信息、时间信息和辐射信息。图像融合定义为:对多样化的数据来源进行数值处理并推理形成决策一致结果的方法,旨在获得更丰富的信息和更佳的图像质量[1-2]。随着遥感技术的进步,数据来源越来越丰富,各种遥感数据产品,例如全色(panchromatic,PAN)、多光谱(multispectral,MS)、高光谱(hyperspectral,HS)、合成孔径雷达(synthetic aperture radar,SAR)影像等提供了电磁频谱的不同部分。这些遥感数据产品被进一步处理并用于农作物生产预测、森林覆盖率和森林覆盖类型、矿物/石油勘探、天气预报、水系的开发和监测、城市土地利用的扩展监测、灾害预警等[3-6]。在列出的应用类型中,只有单一类型影像开展空间分析是不完整的,为了更详细地了解观测地物,需要增加一个以上的传感器信息。

4.1 图像融合的三个层级

图像融合一般可以分为三个层级,分别为像素级、特征级和决策级[4]。如图 4-1 所示,像素级图像融合主要是对传感器原始观测数据或经过预处理的数据进行融合,生成新数据,其主要目的就是为了提升数据的质量,如分辨率、对比度、完整度等指标;特征级图像融合首先对不同数据分别进行相关特征的提取,然后再对提取的特征进行融合处理,生成新的特征或特征矢量,以便于后续的决策支持;决策级图像融合首先利用不同传感器数据分别进行特征提取,获得地物类别或属性初步确定,然后再利用一定的决策规则加以融合,主要解决不同数据产生结果的不一致性,从而获取更可靠的决策知识。

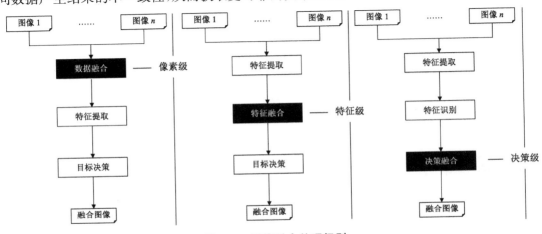

图 4-1 图像融合处理级别

　　图像融合的三个层级哪一种最优，没有确定答案，要视应用的实际情况而定。通常情况下，像素级融合所输入的数据必须是相称的[2,6]，即数据需要是对同一物理现象观测所得，不然就只能进行特征级或决策级融合。即使数据是相称的，像素级融合也更适合于同质的遥感数据，如具有不同时间、空间、光谱尺度的光学数据，或对于异质数据融合，如光学数据与雷达、热红外数据的融合，由于其成像机理差异太大，则更适合进行特征级、决策级的融合。值得注意的是，这三种融合策略并不是完全不兼容的，而是可以联合使用的，多层联合的融合也是一个前沿的研究方向。

4.1.1　像素级图像融合[4,6]

　　像素级图像融合是多源遥感影像经过对多源图像严格的像素配准后进一步形成一幅新图像的像素值的算法，属于最低级别的图像融合方法[4]。在应用任何像素级融合技术之前必须注意两点：两幅图像已经几何校正和辐射校正，并且两幅图像具有相同的投影和坐标系，且像素分辨率相同。像素级图像融合的具体算法可以分为四类：基于成分替换的融合算法、基于多尺度多分辨率分析的融合算法、基于混合模型的融合算法、基于模型优化的融合算法。基于成分替换的融合算法包括：IHS（Intensity-hue-saturation）融合算法、Brovey变换融合算法、主成分分析融合算法、克施密特融合算法等；基于多分辨率分析的融合算法包括：小波变换融合算法、拉普斯金金字塔融合算法、轮廓波融合算法、曲线波融合算法、涟漪波融合算法等；基于混合模型的融合算法包括：小波与HIS变换/PCA变换组合融合算法、ICA和曲线波融合算法、曲线波和IHS融合算法[5]；基于模型优化的融合算法包括：稀疏矩阵分解融合算法、分层贝叶斯模型融合算法等。像素级融合可以是单传感器、多传感器或时间图像融合等。像素级图像融合的优势是信息损失最小，但要处理的信息量最大，因此处理速度最慢，对设备的需求更高。

表4-1　像素级的多种融合方法

融合类别	融合算法名称
成分替换 component substitution (CS)	IHS及其衍生　IHS and different versions of it
	快速 IHS　fast IHS
	广义 IHS　generalized IHS
	比值变换　brovey transform (BT)
	主成分分析　principal component analysis (PCA)
	克施密特　gram-schmidt (GS)
多分辨率分析 multiresolution analysis (MRA)	抽样小波变换　decimated wavelet transform
	分离小波变换　discrete wavelet transform
	非抽样小波变换　undecimated wavelet transform
	Àtrous　àtrous
	拉普拉斯金字塔　laplacian pyramid

（续表）

融合类别	融合算法名称
多分辨率分析 multiresolution analysis（MRA）	轮廓波　contourlet
	多轮廓波　multicontourlet
	曲线波　curvelet
	曲线波和轮廓波　curvelet and contourlet
	涟漪波　ripplet
	基于超分辨率的多级分辨率　multiresolution fusion based on superresolution
	高通加性滤波器　high-pass filter additive（HPFA）
	基于滤波器　filter-based
	最小二乘 - 支持向量机　least-squares support vector machine（LS-SVM）
混合模型 hybrid model	Àtrous 小波和主成分分析　àtrous wavelet and PCA
	小波与 IHS 变换/PCA 变换　combination of wavelet with IHS transform or PCA transform
	小波变换和稀疏表示　wavelet transform and sparse representation
	涟漪波变换和压缩感知　ripplet transform and the compressed sensing
	ICA 和曲线波　ICA and curvelet
	ICA 和小波分解　ICA and wavelet decomposition
	曲线波和 IHS　curvelet and IHS
模型优化 model optimization	在线耦合字典学习　online coupled dictionary learning（OCDL）
	空间相关模型　spatial correlation modeling
	马尔可夫模型　MRF model
	统计模型　statistical model
	压缩感知　compressive sensing（CS）
	稀疏矩阵分解　sparse matrix factorization
	一种基于求解西尔维斯特方程的快速优化　a fast method based on solving a Sylvester equation
	分层贝叶斯模型　a hierarchical Bayesian model

4.1.2　特征级图像融合[3, 6]

特征级图像融合是通过提取图像特征,再加以融合的一种方法,属于中间级别的图像融合方法。通常是图像经过预处理,从中提取同一区域的不同特征(边缘、纹理、形状、光谱、角度或方向、速度、相似的明暗区域、相似的景深区域等),组合形成最佳特征集。特征级图像融合挖掘相关的特征信息是为了去除冗余信息,增加新的信息。特征级图像融合的常见算法有:金字塔变换或小波变换、曲线波变换和轮廓波变换,融合后的图像具有边缘或纹理特征。涟漪波变换是基于压缩感知理论,可以最大程度地减少原始频谱中多光谱波段锐化的频谱失真[7]。多轮廓波变换适用于信息量丰富的遥感图像,融合后的图像具有较强的方向选择性和能量收敛性[8]。高通加性滤波整合算法插入高分辨率图像的结构和纹理细节到低分辨率的图像[9]。特征级图像融合的算法对像素几何配准的要求较像素级图像融合算法低。因此,图像传感器可以分布在不同的平台上。特征级图像融合算法的优点是在处理初期对数据量进行有效压缩,融合结果更利于特征决策分析。

表4-2　特征级的多种融合方法

序号	融合算法名称
1	耦合纹理信息、几何信息、光谱信息　a combination of texture, shape, and spectral information
2	将层次分割结果代入马尔可夫模型　integrating hierarchical segmentation results into MRF
3	多速率滤波器组　multirate filter banks
4	基于视网膜的多分辨率　retina based multi-resolution
5	基于学习的超分辨率　learning-based superresolution fusion
6	基于Softmax回归的特征　Softmax regression-based feature fusion

4.1.3　决策级图像融合[3, 6]

决策级图像融合是将数据处理成可以为指挥和控制决策提供依据的程度,再根据某些决策规则获得最终结果,属于高级别的图像融合方法。在决策级图像融合中,首先输入图像将被单独处理用于信息提取,进一步使用分类器作统计、分类、汇总分析,然后使用复合条件功能筛选有用信息或差异,最后将不同置信度的标签或符号作为决策的依据。常见的决策级图像融合算法有:逻辑推理方法、统计方法;基于信息论模型的决策级图像融合算法有:贝叶斯推理、减振器、投票、集群分析、模糊集理论、神经网络、熵方法等。决策级融合具有良好的实时性和容错能力,输入决策数据量最小且其抗干扰能力最高。

表4-3　决策级的多种融合方法

序号	融合算法名称
1	基于共识的混合模型　hybrid model based on consensus
2	投票　voting
3	排序　rank
4	贝叶斯推理　bayesian inference
5	减振器　dempster-shafer

序号	融合算法名称
6	联合措施法　joint measures method
7	模糊决策规则　fuzzy decision rule
8	基于结构局部尺度的自适应决策　adaptive decision fusion based on the local scale of the structure

4.2　多视超分辨率图像融合技术

从同源传感器获得一系列低分辨率图像来复原（或重建）出更高分辨率图像（或图像序列），这种技术称为多视超分辨率图像融合技术，采用该技术的目的是为了获得更清晰的目标或缺失日期的目标。通常来说，对同源传感器获得的遥感影像有以下几种类型：多时相传感器影像、多角度传感器影像、凝视卫星时序影像、视频卫星时序影像等。

4.2.1　融合假设

超分辨率（super-resolution，SR）图像融合技术可以克服低分辨率（low-resolution，LR）图像的固有分辨率限制，并系统地提高多数图像分辨率，是重要的数字图像处理技术之一。其被广泛应用于各个领域，例如医学成像、视频帧静止图像、远程成像和视频监控，它一直是图像融合研究中最受关注的领域之一[10-14]。

根据 Tsai 和 Huang[15] 的原始假设，基于空间混叠效应，他们论证从频域中重建分辨率更高的图像的可行性。其过程描述如下：

待几何配准的两幅图像分别为参考图像 $R(x,y)$ 和观测图像 $O(x,y)$。当从观测图像坐标系转换为参考图像坐标系时，二者间的几何关系可以用函数表达，分别为 f 和 g。配准后的图像与参考图像之间存在非常小的误差，用 E 表示。

$$E = \sum_{x,y} \{O(x,y) - R[f(x,y) - g(x,y)]\}^2 \tag{4-1}$$

不同的方法可以最大限度地减少误差，例如模拟退火算法、遗传/进化算法等随机技术。使用 Taylor 公式做一阶展开，使得误差函数更利于分析：

$$E = \sum_{x,y} \{O(x,y) - R[f(x,y) - g(x,y)]\}^2$$
$$\rightarrow E = \sum_{x,y} \{O(x,y) - R[(x+f(x,y)-x),(y+g(x,y)-y)]\}^2$$
$$\rightarrow E = \sum_{x,y} \{O(x,y) - [R(x,y) + \frac{\partial R(x,y)}{\partial x}(f(x,y)-x) \tag{4-2}$$
$$+ \frac{\partial R(x,y)}{\partial y}(g(x,y)-y)]\}^2$$

通过导数为零得到最小化误差函数,从而求解变换函数 f 和 g。在计算过程中,有可能存在导数为零时是局部最优而非全局最优[15, 16]。对应于这种情况,解决的对策是对观测图像 $O(x, y)$ 进行 wrapping 操作(借助频率域周期化映射到新的仿射区域中),生成新的方程组,在每次迭代中求解更新的方程组并对参数值更新,当参数收敛表明配准已实现。

变换函数 f 和 g 之间的关系可以从图像采样、图像模糊、多视运动和噪声等四个方面分析。其表达为:

$$g_i = DB_i M_i f + n_i \quad i = 1, \cdots, N \tag{4-3}$$

式中:D 为时空降采样函数;B 为时空模糊卷积函数;M 为时空变换函数;n 为观测噪声函数。

4.2.2 多时相传感器超分辨率图像融合技术

4.2.2.1 基本思想

众所周知,任何视频摄像设备存在一定的时间分辨率,时间分辨率取决于传感器的采样帧数和曝光时长。多时相传感器超分辨率图像融合技术主要思想是在对视频序列做时间空间配准的基础上,通过时空数据融合,恢复重建出混叠或丢失高频时空信息的图像[17, 18]。

多视频序列超分辨率重建的数学模型为:假设存在记录同一动态场景的多个不同时间空间分辨率的低分辨率视频序列,要求在时间空间配准的基础上,通过信号处理技术,最终重建出一个在时间和空间分辨率上均高于各低分辨率视频的高分辨率视频序列,它们之间的关系见式(4-3)。

多视频序列超分辨率重建技术如图 4-2 所示。图中,D_k 为时空降采样函数,B_k 为时空模糊卷积函数,H_k 为摄像机的点扩展函数,M_k 为时空变换函数,n_k 为观测噪声函数。

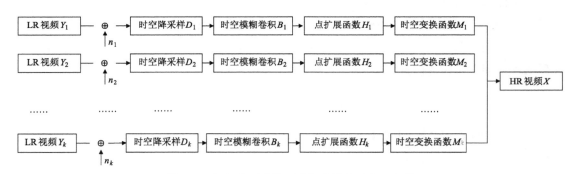

图 4-2　视频序列图像重建超分辨率流程示意图

在图 4-3 视频序列中,实验者由左至右移动一个球,同时风扇由静止开始顺时针旋转,速度越来越快,直到某个时刻,超过了摄像机的采样极限,就会导致严重的运动混叠或反转现象。为克服这种运动混叠效应,韩玉兵的实验采用多视频超分辨率重建技术[19]:

首先,采用基于遗传演化和时空梯度相结合的混合等级估计方法进行视频序列的时间空间配准。估计的配准参数见表 4-4。

图 4-3　决策级的多种融合方法视频序列图像

采用由 4 个相互独立的 PAL 摄像机拍摄的彩色视频 Vent 序列帧率为 25 f/s,各 50 帧,分别称之为 VentView 1、VentView 2、VentView 3 和 VentView 4。第一至 四行分别为 VentView 1 至 VentView 4 第 1/25、17/25、34/25 和 50/25 秒图像.

表 4-4　VentView 1 至 VentView 4 时间空间配准参数

(VentView 1 为参考视频,且 $h_{33} = 1$, $d_1 = 0$)

	h_{11}	h_{12}	h_{13}	h_{21}	h_{22}	h_{23}	h_{31}	h_{32}	$d_2(s)$
View 1 vs View 2	8.26E−01	−6.05E−03	6.31E+01	9.71E−03	8.26E−01	5.08E+01	6.02E−06	3.34E−06	5.92E−02
View 1 vs View 3	7.94E−01	6.91E−03	3.83E+01	−1.09E−03	7.92E−01	5.98E+01	5.95E−06	−1.15E−06	2.60E−02
View 1 vs View 4	9.70E−01	−1.26E−03	1.57E+01	1.83E−03	9.69E−01	1.55E+01	4.66E−06	−2.55E−06	4.90E−02

其次,进行多视频序列的超分辨率重建。取 RGB 颜色通道,时间和空间模糊核采用类似文献的方法分别为长度为 3 的一维均匀模糊核和大小为 7×7、标准差为 0.5 的二维 Gaussian 模糊核。时间空间的上采样因子分别为 3 和 1.5。时空流形模型中嵌入度量参数。

4.2.2.2 视频序列的时间空间配准

视频序列的时空配准是一个相当困难的问题,目前存在的方法主要分为两大类:

1) 基于特征匹配的方法,实际上是基于特征匹配的图像配准在 (x, y, z, t) 四维空间的推广。其基本步骤为首先在两个视频序列中提取特征点或特征轨迹,然后根据某种相似性原则进行特征匹配,最后评估视频间的时空配准参数的鲁棒性等特征。其难点在于特征点或特征轨迹的提取及如何定义特征之间的相似性以进行特征匹配[20]。

2) 基于时空梯度的方法,这是一种直接方法,不需要进行运动目标的分割和跟踪,而是直接根据视频序列光强分布的时空梯度,将视频序列间的时空配准归结为一个能量泛函的极小化问题。这种方法计算简单,但是不太稳定,容易陷入优化问题的局部极小点。基于时空梯度模型的等级估计具有以下优点:这是一种基于图像操作的直接方法,无须进行费时的特征提取和匹配;时间和空间位移可以达到很高的亚像素和亚帧级精度;可以采取由粗至精的等级策略处理大位移矢量,提高收敛速度,避免陷入局部极小值。将此迭代法结合由粗至精多分辨率等级策略得到基于模型的视频序列时空配准快速算法,参见 Cole-Rhodes 等人的研究[21]。

3) 基于遗传演化与时空梯度相结合的方法,遗传算法是一种启发式的并行算法,具有全局收敛的特点;基于时空梯度的方法则是一种基于局部梯度下降的方法,具有简单直接的特点;而多分辨率处理策略则可以加速收敛,减少计算量。将三者相结合可构成基于等级策略的混合遗传算法。值得说明的是,上述算法中使用了嵌套多分辨率技术,外层为遗传算法的多分辨率处理,内层为时空梯度直接估计算法的多分辨率处理。这样可以减少运算量,提高收敛速度,参见 Mirjalili 等人的研究[22]。

4.2.2.3 多视频序列超分辨率重建算法

众所周知,在信号的获取、传输或存储过程中不可避免地会导致信号的降质,多数情况下,降质可分为两类(不妨以图像信号为例):一是确定性的降质因素,主要由图像获取系统导致,如摄像机本身缺陷、散焦模糊、运动模糊及大气扰动等;另一类为随机性的降质,如光电噪声、图像传输中引入信道噪声和信源编码时引入量化噪声等,一般情形可假设噪声服从一定的概率分布,如高斯分布、伽马分布或泊松分布等。假设 S 为某一连续场景的理想离散信号,R 为观测到的降质信号,原来信号与观测信号的维数相同,则一般信号的降质模型为:研究多视频序列的超分辨率重建,假设各通道的降质机理相同,则类似式(4-3),此时超分辨率重建模型修改为:

$$R_i = AS + E_i \quad i = 1, \cdots, N \qquad (4-4)$$

式中:N 为传感器波段数量;i 为波段索引值;E 为降质模型的噪声部分,如无特殊说明,本书噪声均假设为期望为 0、标准差为 σ 的高斯白噪声；A 为降质模型的确定性部分,一般假设为一个线性算子,代表图像获取过程中的各种扭曲、模糊及降采样等。所谓不完全数据的超分辨率重建,就是采用一切技术手段由不完全观测信号 R 尽可能地复原重建出原来的高分辨率信号 S。将其进行正则化处理后归结为下列泛函极小化问题:

$$J(S) = J(S_1, \cdots, S_N) = \sum_{i=1}^{N} \parallel R_i - AS_i \parallel^2 + \alpha \iiint_\Omega \sqrt{g}\, \mathrm{d}x\,\mathrm{d}y\,\mathrm{d}t \qquad (4\text{-}5)$$

式中：$S = (S_1, \cdots S_i, \cdots, S_N)$；$\parallel R_i - AS_i \parallel^2$ 为第 i 波段的数据拟合项；α 为正则化参数；Ω 为时空区域。然后推导上述泛函的欧拉-拉格朗日方程(Euler-Lagrange equation)。用欧拉前向迭代算法计算偏微分方程组,设当前解为 $S_i \mid_{i=1}^{N}$。

Step 1：计算 S_i^x, S_i^y, S_i^t；

Step 2：计算 $\dfrac{\partial \sqrt{g}}{\partial S_i^x}$, $\dfrac{\partial \sqrt{g}}{\partial S_i^y}$, $\dfrac{\partial \sqrt{g}}{\partial S_i^t}$；

Step 3：计算 $\mathrm{div}\left(\dfrac{\partial \sqrt{g}}{\partial S_i^x}, \dfrac{\partial \sqrt{g}}{\partial S_i^y}, \dfrac{\partial \sqrt{g}}{\partial S_i^t}\right) = \dfrac{\partial}{\partial x}\left(\dfrac{\partial \sqrt{g}}{\partial S_i^x}\right) + \dfrac{\partial}{\partial y}\left(\dfrac{\partial \sqrt{g}}{\partial S_i^y}\right) + \dfrac{\partial}{\partial t}\left(\dfrac{\partial \sqrt{g}}{\partial S_i^t}\right)$；

Step 4：计算 $\boldsymbol{A}^{\mathrm{T}} R_i - \boldsymbol{A}^{\mathrm{T}} AS_i$；

Step 5：迭代 $S_i \Leftarrow S_i + \eta \left[\boldsymbol{A}^{\mathrm{T}} R_i - \boldsymbol{A}^{\mathrm{T}} AS_i + \alpha\, \mathrm{div}\left(\dfrac{\partial \sqrt{g}}{\partial S_i^x}, \dfrac{\partial \sqrt{g}}{\partial S_i^y}, \dfrac{\partial \sqrt{g}}{\partial S_i^t}\right)\right]$,其中 η 为迭代步长；

Step 6：判断是否收敛,若收敛则终止,否则转 Step 1 继续迭代。

本节讨论多时相图像序列的超分辨率重建,主要包括两部分：第一部分为视频序列的时间空间配准,第二部分为视频序列的超分辨率重建算法,并验证多视频序列超分辨率重建技术的有效性[19]。

　(a) 时空三次插值,第 20 帧　　　　　　　　　　(b) 时空三次插值,第 40 帧

（c）基于时空流形模型的超分辨率重建，第 20 帧　　（d）基于时空流形模型的超分辨率重建，第 40 帧

图 4-4　视频序列超分辨率重建

4.2.3　多角度传感器超分辨率图像融合技术

4.2.3.1　基本思想

值得注意的是，如果成像重访周期较长，在不同时相的遥感影像中的地面目标就可能会发生变化，这对超分辨率处理的影响较大，是一个重要的限制因素。而多角度遥感成像传感器可以获得几乎同一时间不同角度的影像，比多时相成像具备超分辨率的前提条件[23]，目前学者们已经在卫星侦察、安全监控、显微诊断和虚拟现实等领域中进行了有益探索，并已发展了多个可行的处理方法[24-26]。

本节讨论一种多视角图像超分辨率重建方法，其分为两部分：基于视差的图像融合算法类和基于盲去模糊的超分辨率算法类。由于多角度阵列相机中的各相机间存在视差，在进行超分辨率重建之前需要对阵列相机获取的多视角图像进行视差估计，并利用估计的视差对各图像间的冗余和非冗余信息进行图像融合，融合出一幅更清晰、细节更丰富的新图像。在完成图像融合后，对新图像进行超分辨率重建，这样可以将超分辨率重建转换成盲去模糊问题。

4.2.3.2　基于视差估计的融合方法

相同空间中的物点坐标与不同相机之间的距离称为视差。多角度相机之间存在一定距离，即存在视差 d，如图 4-5 所示，左镜头和右镜头分别处于三维空间坐标点 $(0,0,0)$ 和 $(B,0,0)$，相同空间的物点坐标 $P(X_w,Y_w,Z_w)$ 在左右相机上的像点坐标分别是 (X_L,Y_L) 和 (X_R,Y_R)[27]。

视差可表达为：

$$d=X_L-X_R=f\times B/Z_w \tag{4-6}$$

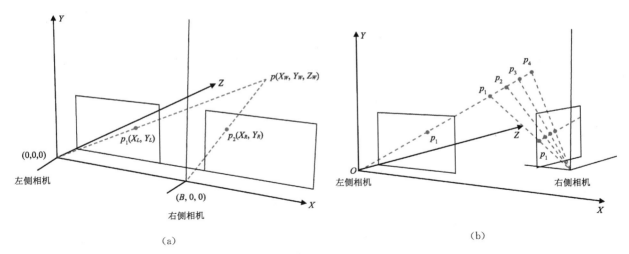

（a）　　　　　　　　　　　　　　　　　（b）

图 4-5　阵列相机的深度估计示意图

如果水平视差 d 已知，则由上式可推出物点的深度信息为

$$Z_w = f \times B/d \qquad\qquad (4\text{-}7)$$

可知，在相同基线下，深度 Z_w 与视差 d 成反比，且在相同深度下，视差 d 与基线长度 B 成正比。

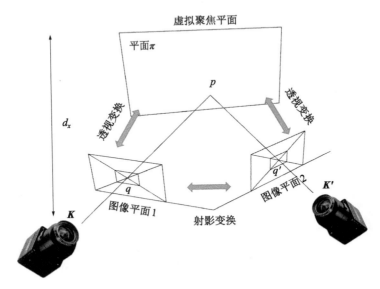

图 4-6　通过映射关系将阵列相机聚焦平面转换到成像平面

开展映射变换是将相机聚焦平面转换到成像平面的重要一步。设左边相机内参数矩阵为 $\boldsymbol{K}$，右边相机内参数矩阵为 $\boldsymbol{K}'$。场景中一点 p 在左右相机坐标系下的位置分别为 $Q = (X, Y, Z)^\mathrm{T}$ 和 $Q' = (X', Y', Z')^\mathrm{T}$，点 p 的像点在左右相机图像坐标系下分别为 $q = $

$(x, y, 1)^T$ 和 $q' = (x', y', 1)^T$，设左相机坐标系相对右相机坐标系的平移量为 t，又记左相机坐标系与右相机坐标系之间的变换矩阵为 $\boldsymbol{R}$，聚焦平面为 π，$\vec{n}$ 为平面 π 的法向量。假设点 p 在平面 π 上，d_x 为右相机光心到平面 π 的距离，令 $\boldsymbol{w} = \vec{n}/d_x$，则对平面 π 上任一点 p，其在两个不同相机坐标系下的坐标存在如下关系：

$$q' = \boldsymbol{K}'\boldsymbol{Q}' = \boldsymbol{K}'(\boldsymbol{R} + t\boldsymbol{w}^T)\boldsymbol{K}^{-1}q \tag{4-8}$$

式中：$\boldsymbol{K}'(\boldsymbol{R} + t\boldsymbol{w}^T)\boldsymbol{K}^{-1}$ 为将左相机图像平面变到右相机图像平面的变换矩阵，称为单应。若 $\boldsymbol{H}_i$ 记为阵列相机中相机 i 对应对于某一虚拟图像平面 π 的单应，则在此平面进行聚焦成像时，只要把所有相机的图像投影到平面 π，再把投影后的图像叠加后加以平均，便可以获得虚拟孔径图像。

$$I = \frac{1}{N} \sum_{i=1}^{N} \boldsymbol{H}_i \boldsymbol{I}_i \tag{4-9}$$

式中：N 为相机数量；$\boldsymbol{H}_i$ 和 $\boldsymbol{I}_i$ 分别表示第 i 台相机的图像及与之对应的单应矩阵。

图形重聚焦，或称数字重聚焦，是采用图像处理方法重新调整图像的聚焦面。其实质上是将光场数据投影到新的像平面上进行积分。简化为二维光场信息，二维光场投影到新焦面上的成像公式为：

$$I(x') = \int L\left(u, \frac{x'}{\alpha} + \left(1 - \frac{1}{\alpha}\right)u\right) \mathrm{d}u \tag{4-10}$$

最后将聚焦在不同重点上的若干图像，在统一坐标框架中融合，插值得到一幅高分辨率的图像。

4.2.3.3 基于盲去模糊的超分辨率重建方法

上一过程中，融合后的高分辨率图像较为模糊，需要从降质模糊图像中恢复出清晰图像，这一过程称为超分辨率重建[10, 12, 26]。

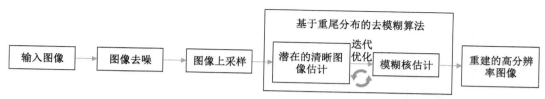

图 4-7 基于盲去模糊的超分辨率重建方法流程图

图像超分辨率重建的数学模型是一个逆问题，即由低分辨率图像组求解高分辨率图像。由于其中模糊矩阵一般是退化的，因此，该逆问题在通常情况下是不适定的，即解不存在，或不唯一或不稳定。通过阵列相机获取的图像组，由于存在视角上的差别使得图像之间具有一定的视差，这种不同于一般相机的特性，可以重建出更好的图像，包括空间分辨率、动态范围、景深等方面。

通过阵列相机所获取的图像由于外界噪声、抖动等因素和相机制造上的差异,一般会存在图像退化,出现模糊现象,可以用式(4-11)的数学模型来表示这种图像退化过程,该式也称为去模糊模型。根据前节,图像 y 的超分辨率模型为:

$$y = D \times H \times x + n \qquad (4\text{-}11)$$

式中: x 为清晰的原始图像; y 为拍摄到的退化图像; D 表示卷积运算; n 是噪声; $D \times H$ 可以用 b 表示, b 在这里为未知的模糊核。

$$y = b \times x + n \qquad (4\text{-}12)$$

从 y 中恢复出 x 是一个盲去卷积问题。基于正则化理论,盲去卷积可以表示成如式(4-13)的优化问题。

$$\min_{x,b} \frac{1}{2} \parallel y - x \times b \parallel^2 + \lambda Q(x) + \beta R(b) \qquad (4\text{-}13)$$

式中: $Q(x)$、$R(b)$ 分别是图像和模糊核的正则化项,即统计学意义上的先验知识,针对不同图像和不同类型的模糊。有多种正则化项方法,例如针对运动模糊,目前比较常见的图像正则化项为全变差(total variation)正则化,对于模糊核的先验可用拉普拉斯分布构造正则项。

在阵列相机的图像去模糊问题中,涉及同一场景的多幅不同的退化图像,称为多视角问题。

$$\min_{x,\{b_k\}} \frac{1}{2} \parallel \{y_k\} - x \cdot \{b_k\} \parallel^2 + \lambda Q(x) + \beta R(\{b_k\}) \qquad (4\text{-}14)$$

在这种情况下,该问题被称为多图盲去模糊问题。

多图盲去模糊方法流程图如图 4-8 所示。

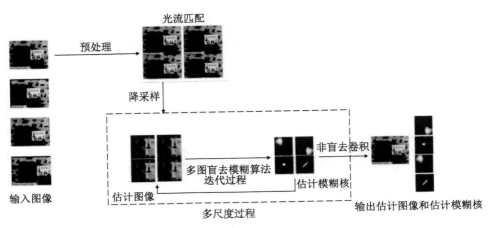

图 4-8　多图盲去模糊方法流程图

4.2.4 其他超分辨率图像融合技术

最近凝视卫星、视频卫星的出现,将给遥感影像超分辨率研究带来更快的发展,是具有重要研究价值和应用潜力的研究方向。所谓"凝视"是指随着卫星的运动,光学成像系统始终盯住某一目标区域,可以连续观察视场内的变化。实现"凝视"主要有两种手段,一是采用静止轨道卫星,二是采用低轨敏捷卫星[24, 28]。

2007 年,由印度尼西亚投资、德国研制的 LAPAN-Tubsat 卫星就是一颗分辨率为 5 m 的纯视频卫星。由于视频卫星携带着可连续拍摄动图的摄像机,可动态实时监测目标,被用于陆地粮食安全监测、自然灾害监测、森林/陆地/海岸线资源情况调查及天气预报等用途(图 4-8)。某次,LAPAN-Tubsat 拍摄到美军军事演习的视频,引起美国军方的高度关注。由此可见,不同于传统静态对地观测卫星,凝视卫星、视频卫星具有动态实时监测、重访周期短等优点,具备提供连续变化的视频图像、直接观测快速变化目标的能力,因此,具有重大应用价值[25, 26]。

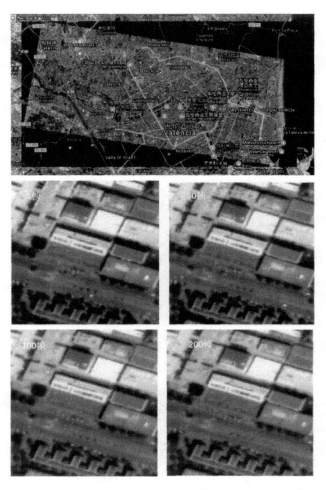

图 4-9　凝视卫星的动态序列影像(西班牙瓦伦西亚理工大学地区)

超分辨率重建属于视频卫星高级产品之一,是克服视频图像分辨率低并提高图像分辨率的关键步骤,而越高分辨率图像则意味着越多的观测信息以及越丰富的地物纹理信息,是后续图像处理工作,如目标检测、目标识别等的重要前提。因此。超分辨率重建是视频卫星图像处理中的重要步骤之一(图 4-10)。综上,研究视频卫星遥感图像的超分辨率重建具有重要意义。

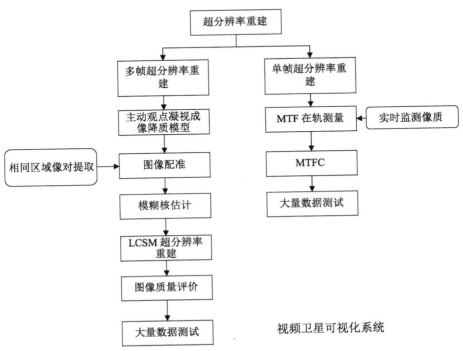

图 4-10 视频卫星遥感图像的超分辨率重建过程

4.3 空间-光谱图像融合技术

现有主流的空间-光谱图像融合方法可分为 4 类[3]:基于成分替换的融合方法、基于多分辨率分析的融合方法、基于模型优化的融合方法和基于混合模型的融合方法。

4.3.1 基于成分替换的融合方法

4.3.1.1 平均值替换方法

通过取两幅输入影像同一位置像素的平均强度值作为输出图像的对应像素值,用这种方法得到融合图像。这个方法表达为:

$$F_{ij} = \frac{(A_{ij} + B_{ij})}{2} \tag{4-15}$$

式中:A_{ij} 和 B_{ij} 为行列号为 $i \times j$ 的输入影像;F_{ij} 为融合图像。

4.3.1.2 最大像素值替换方法

通过取两幅输入影像同一位置像素的最大强度值作为输出图像的对应像素值,用这种方法得到融合图像。这个方法表达为:

$$F_{ij} = \sum_{i=0}^{m} \sum_{j=0}^{n} \max(A_{ij} B_{ij}) \tag{4-16}$$

4.3.1.3 最小像素值替换方法

通过取两幅输入影像同一位置像素的最小强度值作为输出图像的对应像素值,用这种方法得到融合图像。这个方法表达为:

$$F_{ij} = \sum_{i=0}^{m} \sum_{j=0}^{n} \min(A_{ij} B_{ij}) \tag{4-17}$$

4.3.1.4 乘数替换方法[5]

通过取两幅输入影像同一位置像素的强度值乘积作为输出图像的对应像素值,用这种方法得到融合图像。这个方法表达为:

$$\begin{aligned} FR_1 &= (LR_1 \times HR_1) \\ FR_2 &= (LR_2 \times HR_1) \\ FR_3 &= (LR_3 \times HR_1) \end{aligned} \tag{4-18}$$

式中:LR 为低空间分辨率的多光谱波段;HR 为高空间分辨率的全色波段。

4.3.1.5 比值变换方法[29]

比值变换(brovey transform,BT)是一种基于色度转换的融合方法。比值变换使用多光谱波段和全色波段的数学组合,每个多光谱波段乘以全色波段再除以多光谱波段的总和。其目的是将输入信息均一化,形成新融合影像的红、蓝、绿的分量。这个方法表达为:

$$\begin{aligned} FR_1 &= \frac{LR_1}{LR_1 + LR_2 + LR_3} \times HR_1 \\ FR_2 &= \frac{LR_2}{LR_1 + LR_2 + LR_3} \times HR_1 \\ FR_3 &= \frac{LR_3}{LR_1 + LR_2 + LR_3} \times HR_1 \end{aligned} \tag{4-19}$$

4.3.1.6 IHS 变换方法[30]

IHS 变换方法是一种基于强度-色相-饱和度的融合方法。其目的是形成新融合图像的强度、亮度和饱和度分量。大多数文献认为 IHS 是三阶的方法,因为它在变换中采用了 3×3 矩阵核心,在融合即泛锐化过程中,MS 影像投影到 IHS 色彩空间上,强度波段被 PAN 影像代替。首先将多光谱影像分解为三个独立临时变量,将强度分量与全色高光谱影像相加后代替一个分量,再进行逆向 IHS 变换,以形成融合图像。这个方法表达为:

$$\begin{bmatrix} I \\ v_1 \\ v_2 \end{bmatrix} = \begin{bmatrix} \dfrac{1}{3} & \dfrac{1}{3} & \dfrac{1}{3} \\ -\dfrac{\sqrt{2}}{6} & -\dfrac{\sqrt{2}}{6} & \dfrac{\sqrt{2}}{3} \\ \dfrac{1}{\sqrt{2}} & -\dfrac{1}{\sqrt{2}} & 0 \end{bmatrix} \begin{bmatrix} LR_1 \\ LR_2 \\ LR_3 \end{bmatrix}$$

$$H = \arctan(v_2/v_1)$$
$$S = \sqrt{v_1^2 + v_2^2} \tag{4-20}$$

式中：v_1 和 v_2 是临时变量。逆变换表达如下：

$$\begin{bmatrix} FR_1 \\ FR_2 \\ FR_3 \end{bmatrix} = \begin{bmatrix} 1 & -\dfrac{1}{\sqrt{2}} & \dfrac{1}{\sqrt{2}} \\ 1 & -\dfrac{1}{\sqrt{2}} & -\dfrac{1}{\sqrt{2}} \\ 1 & \sqrt{2} & 0 \end{bmatrix} \begin{bmatrix} I + HR_1 \\ v_1 \\ v_2 \end{bmatrix} \tag{4-21}$$

4.3.1.7　主成分分析变换方法[31]

当要融合的图像数量是在三个维度以上的多维数据时，主成分分析（principal component analysis，PCA）可以用来减少维数。在最普遍的理解中，PCA 是数据压缩技术，将相互关联的多维数据形成一组新的分量彼此独立的数据（PC_1，PC_2，$\cdots$，PC_n，其中 n 是输入多光谱波段的数量）。首先，用 PCA 变换对多光谱图像进行变换，并计算出多光谱图像各个波段中图像之间的相关矩阵的特征值和相应特征向量，以获得每个矩阵的主成分。其次，使用直方图方法将全色图像与第一个主成分进行匹配。最后，将多光谱图像的第一个主成分替换为匹配的全色图像，然后用其他主成分进行逆 PCA 变换，以形成融合图像。

4.3.1.8　克施密特方法

克施密特（Gram-Schmidt，GS）方法为泛锐化的基础，是一种泛化的 PCA 方法。在该方法中 PC_1 分量可以任意选取，其他分量与 PC_1 正交且不相关。克施密特方法按以下步骤执行：①将 n 个多光谱波段进行线性组合得到模拟的低分辨率全色波段；②对低分辨率全色波段与低分辨率多光谱波段进行克施密特解构变换；③将高分辨率全色波段按照前述低分辨率全色波段的统计特性重新调整以匹配，作为分量替换主频分量；④进行克施密特逆变换。

4.3.2　基于多分辨率分析的融合方法

4.3.2.1　基于金字塔方法

基于金字塔方法是一种多尺度信号表示，其中图像要经过反复的平滑和下采样，借助低通滤波器和高通滤波器得到频率域子波段，对子波段系数进行融合，再逆变换为融合后图像，因为涉及多级分解，所以整个过程表示看起来像金字塔。在 1980 年代中期，一些复杂的方法开始出现,包括拉普拉斯金字塔、低通比率金字塔、梯度金字塔、形态金字塔等,包括拉普拉斯金字塔变换在内的所有方法都是从高斯金字塔变换发展而来并广泛使用[32]。设原始图像为 $G_0(m, n)$,通过对原始图像交替行和交替列进行下采样,采用高斯低通滤波器进行滤波处理,采样后的结果图像大小为上一层图像的 1/4。以这种方式,可以获得高斯金字塔的第一层,并且可以通过重复上述过程来获得第二层,最终递归地构建出高斯金字塔:

$$G_l(i, j) = \sum_{m=-2}^{2} \sum_{n=-2}^{2} \omega(m, n) \times G_{l-1}(2i + m, 2j + n) \tag{4-22}$$

式中:l 表示高斯金字塔的层数,且 $1 \leqslant l \leqslant N$;$i$ 和 j 分别为高斯金字塔分解的行数和列数;$\omega(m, n)$ 是一个 5×5 的窗口过滤函数;$\omega(m, n) = h(m) \times h(n)$;$h$ 是高斯概率密度。

对 G_l 进行插值得到 G_l^*,该过程由下式表示:

$$G_l^*(i, j) = 4 \sum_{m=-2}^{2} \sum_{n=-2}^{2} \omega(m, n) \times G_l\left(\frac{i+m}{2}, \frac{j+n}{2}\right) \tag{4-23}$$

对当前层图像与前一层内插图像做减法,层层分解得到拉普拉斯金字塔分解图像:

$$\begin{cases} LP_l = G_l - G_{l+1}^* & 1 \leqslant l \leqslant N \\ LP_N = G_N & l = N \end{cases} \tag{4-24}$$

式中:N 代表拉普拉斯分解的最高层次;LP_l 代表分解得到第 l 层图像。

拉普拉斯金字塔重构过程与分解过程相反,从金字塔顶层开始,进行层层迭代计算,直到与最底层子图像相加为止。该过程可由下式表示:

$$\begin{cases} G_l = LP_l + G_{l+1}^* & 1 \leqslant l \leqslant N \\ G_N = LP_N & l = N \end{cases} \tag{4-25}$$

拉普拉斯金字塔构建和重构的过程如图 4-11 所示。

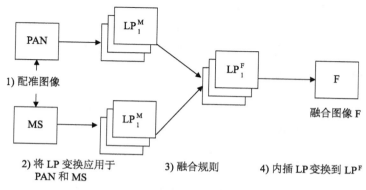

图 4-11　拉普拉斯金字塔构建和重构的过程

4.3.2.2　基于小波变换方法

顾名思义,"小波"是一个不断增长的小波并在有限的时间内衰减。这里的信号被投影到一组小波函数上以获得最佳分辨率,分解图像得到不同的系数,不同的图像系数被合并以形成新的系数,逆变换后得到融合图像[33]。该方法基于小波理论,它在时域和频域均提供良好的分辨率。与金字塔方法相比,该方法不存在伪影像,具有更好的信噪比和鲁棒性[34]。基于小波的融合方案为,使用小波变换从全色图像中提取详细信息,并注入多光谱图像中使光谱失真信息最小化。中间的融合机制可以是简单的替换、相加、权重相加、混合算法、改进小波(图 4-12)。

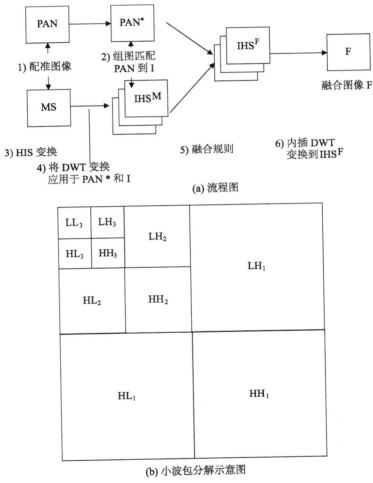

图 4-12　基于小波变换的融合过程

4.3.2.3　基于曲线波变换方法

据观察,基于小波方法的融合后图像较比值变换、IHS、PCA 融合方法的图像空间分辨率低,为了增强空间分辨率效果,利用曲线波(Curvelet)可以增强图像边缘信息。与小波方法相比的差别在于,曲线波是有方向性的,满足各向异性尺度的间隔约等于长度的平方。为表示一根曲线需要许多小波系数才能够准确代表曲线,而相同精度下曲线波方法所需的系数数量要少得多[35](图 4-13)。基于脊波(Ridgelet)和曲线波理论,拉冬(Radon)变换就是如下投影方程[36]:

$$\hat{f}(\omega\cos\theta,\ \omega\sin\theta)=\int Rf(\theta,\ t)\mathrm{e}^{-2\pi t\omega t}\mathrm{d}t \qquad (4\text{-}26)$$

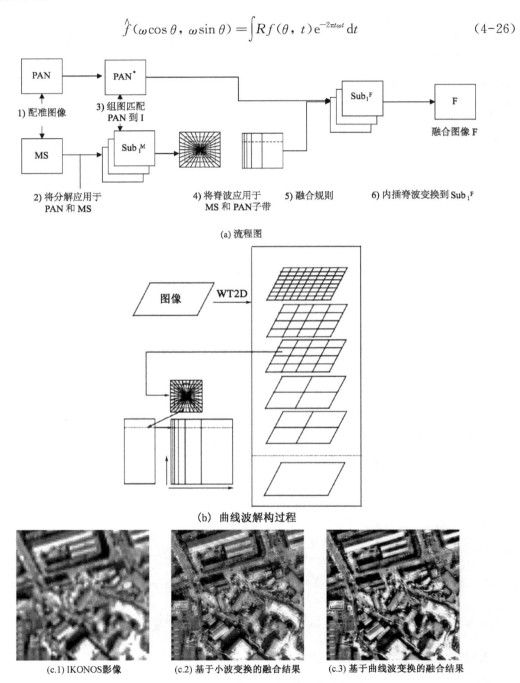

(a) 流程图

(b) 曲线波解构过程

(c.1) IKONOS影像　　　(c.2) 基于小波变换的融合结果　　　(c.3) 基于曲线波变换的融合结果

图 4-13　基于曲线波变换的融合过程

4.3.2.4　基于轮廓波变换方法

轮廓波(Contourlet)变换用一个双过滤器来获取图像的平滑轮廓。此处的双滤波器,第一个是拉普提斯金字塔(Laplacian Pyramid, LP),用于检测点的非连续性,第二个是定向滤波器组(Directional Filter Bank, DFB),用于将这些非连续性点转换成线性结构(图 4-14)。轮廓波支持各种比例、方向和纵横比。轮廓波满足各向异性原理,可以捕获图像和图像的固有几何结构信息。比离散小波变换能获得更好的表达边缘和轮廓。但是,由于下采样和上采样,缺乏平移不变性,导致出现伪影[37]。

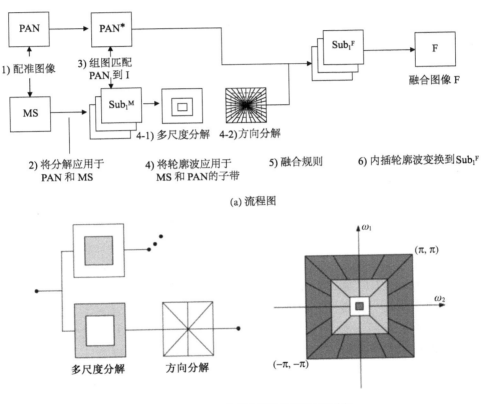

(a) 流程图

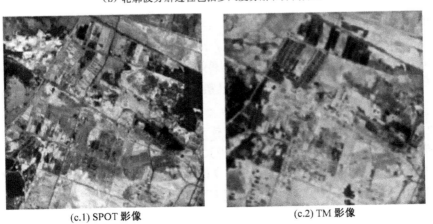

（b) 轮廓波分解过程包括多尺度分解和方向分解

(c.1) SPOT 影像　　　　　　　　(c.2) TM 影像

(c.3) 基于小波变换的融合结果   (c.4) 基于轮廓波变换的融合结果

图 4-14　基于轮廓波变换的融合过程

4.3.2.5　基于支持向量机方法

支持向量机(support vector machine，SVM)是一种监督类非参数统计学习模型，无须对基础数据分布进行任何假设。SVM 训练算法旨在找到一种超平面，该超平面将数据集按照与训练示例一致的方式分为多个离散的预定类。术语"最佳分离超平面"是指在训练步骤中获得的使错误分类最小化的决策边界。术语"学习"是指找到具有最佳决策边界的分类器以分离训练模式(在潜在的高维空间中)，然后以相同的配置(维度)分离模拟数据的迭代过程(图 4-15)。

在遥感分类的情况下，假定多光谱特征数据在输入空间中是线性可分离的。不同的集群彼此重叠，这使线性可分离性变得困难，因为基本线性决策边界通常不足以对模式进行高精度分类。通过在 SVM 优化中引入附加变量(称为松弛变量)以及使用合适的数学函数进行非线性相关性映射，将软阈值方法和 kernel 技术用于解决欧几里得或希尔伯特空间不可分性问题。核函数的选择通常与分析结果有关。此外，典型的遥感问题通常涉及多个类别(超过两个)的识别。对 SVM 二元分类器的简单调整使其可以针对所有对象，作为多类分类器进行操作。在遥感领域，因为它能够成功处理小型训练数据集，通常比传统方法具有更高的分类精度。Burges[38]描述了一个简单的实验，以说明 SVM 在图像识别问题中的优势。该实验说明：在存在先验知识的情况下，基于 SVM 具有较好的图像分类识别性能；如果对像素进行混洗，则精度大约是相同的，每个图像都受相同的随机排列；但是，当发生"故意破坏"或删除先验知识的行为时，SVM 甚至仍然胜过神经网络。

由于从遥感影像获取的数据通常具有未知的分布(例如最大似然估计，maximum likelihood estimation，MLE)，即使高斯函数描述分布的假设不再成立，因为数据集中在高维空间中头尾而非腹部，它仍然能够获得好于其他类算法的有效结果。

令 $x \in \mathbf{R}^d$，$y \in R$，$\mathbf{R}^d$ 表示输入空间，d 表示维度。通过非线性映射将 x 映射到一个特征空间的过程 $\phi(x)$：$\mathbf{R}^d \rightarrow \mathbf{R}^q$，$q$ 表示特征空间的维数。SVM 是基于训练数据 $\{(x_i, y_i)\}_{i=1}^N$ 来估计函数的系数，见下式：

$$y = f(\boldsymbol{x}, \boldsymbol{\omega}) = \boldsymbol{\omega}^{\mathrm{T}} \phi(\boldsymbol{x}) + \boldsymbol{b} \tag{4-27}$$

式中：ω 是特征空间 $\mathbf{R}^q$ 的元素。在 SVM 中，根据 x_i 和 y_i 分类的质量这个思想选择超平面，最优超平面也是其中之一。在示例 $\boldsymbol{y} = \boldsymbol{\omega}^{\mathrm{T}} \phi(\boldsymbol{x}) + \boldsymbol{b}$ 中，通过 $\boldsymbol{\omega}^{\mathrm{T}} \phi(\boldsymbol{x}) + \boldsymbol{b} = 0$ 计算超平面，这导致距离 $|\boldsymbol{\omega}^{\mathrm{T}} \phi(\boldsymbol{x}) + \boldsymbol{b}| / |\boldsymbol{\omega}|$ 最大化，这等效于最小化 $|\boldsymbol{\omega}|$。对于函数估计，使以下正则化风险函数最小化：

$$R(\boldsymbol{\omega}) = \frac{C}{N} \sum_{i=1}^{N} L[\boldsymbol{y}, f(\boldsymbol{x}, \boldsymbol{\omega})] + \frac{\|\boldsymbol{\omega}\|^2}{2} \tag{4-28}$$

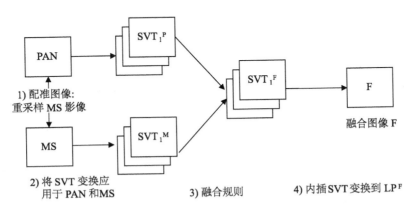

(a) 流程图

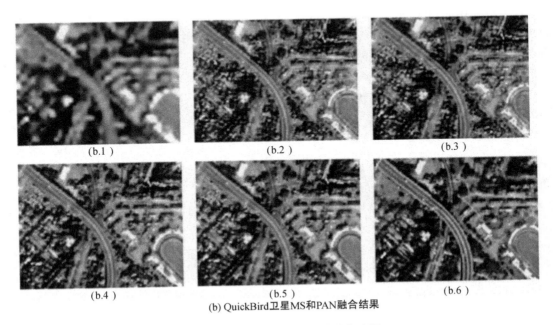

(b) QuickBird 卫星 MS 和 PAN 融合结果

图 4-15　基于支持向量机的融合过程

(b.1) 重采样至 11.2-m MS 影像　　(b.2)—(b.5) 基于 DWT、CT、ATWT 和 SVT 融合结果

4.3.3 基于模型优化的融合方法

目前,存在很多针对遥感影像融合问题的优化方法,这些方法大致可以分为两大类:一类为非智能优化方法,如牛顿法、共轭梯度法、梯度下降法、交替方向乘子法等;另一类为智能优化方法,如贝叶斯概率推理、D-S 证据推理(dempster-shafer evidence theory)、DSmT 理论(dezert-Smarandache theory)、模糊推理、粗糙集理论、爬山法、遗传算法(genetic algorithms,GA)、禁忌搜索(tabu search,TS)、蚁群算法、人工鱼群算法(artificial fish swarm algorithm,AFSA)、粒子群算法(particle swarm optimization,PSO)、模拟退火(simulated annealing algorithm,SA)、进化算法(evolutionary algorithm,EA)、分布估计算法(estimation of distribution algorithm,EDA)、组合差分进化算法(combination differential evolution algorithm,CoDE)、人工免疫等群体搜索算法[39,40]。

4.3.3.1 非智能优化方法[41-43]

在遥感影像处理过程中,有些问题非常复杂,其数据往往是由数亿或数十亿个样本组成的,且这些数据都是高维的,有时要求这些数据以分布式方式进行存储或收集,因此,需要一种既能解决高维复杂问题又能处理分布式存储数据的算法。

凸优化分解问题可以用于遥感影像融合问题解决,其中交替方向乘子法(alternating direction multiplier method,ADMM)算法是目前最为经典的凸优化方法之一。ADMM 起源于 1950 年代,发展于 1970 年代,和许多其他的算法密切相关,如对偶分解(dual decomposition method)、乘子法(multipliers method)、道格拉斯-拉奇福德分裂法(douglas-rachford splitting method,DRSM)、Dykstra 交替投影法、Bregman 迭代算法、近端方法(proximal methods)等。ADMM 被广泛应用于统计问题当中,比如约束稀疏回归、图像重建、最小二乘问题、稀疏逆协方差选择、支持向量机等。

4.3.3.2 智能优化方法[44,45]

组合差分进化算法与遗传算法的不同之处在于,遗传算法使用染色体中的基因变化来寻找可行解,而 CoDE 算法则是以群体中的个体变化来寻找可行解。CoDE 算法将可行解描述成个体的形式,在对解进行操作时,针对每一个个体进行变化,也可称为个体级的变化。该算法比较常用的包括进化策略和进化规划两类算法。其中进化策略使用变异和重组产生新解,而进化规划主要使用变异产生新解。

粒子群算法是由 J. Kennedy 和 R. Eberhart 等人[46]于 1995 年首先提出来的。该算法模拟大自然中群鸟觅食的行为,将解空间中的可行解描述成一个粒子的形式,该粒子不仅含有在搜索空间中的位置信息,还有粒子运行中的方向信息。通过粒子本身所含有的方向、粒子历史中最优位置的方向,以及所有粒子历史中最优位置的方向来调节粒子的运行方向,以便能使下一代找到更好的位置。

多目标优化算法(multi object algorithm,MOA)。CoDE 算法和 PSO 算法都只使用一个适应度函数对可行解进行评价,所以称其为单目标进化算法。但在现实生活中,面对的问题并不是只有一个评价函数,而是有多种评价函数,这就不可避免地需要在满足多种评价函数的前提下获得一组折中解,称之为多目标优化算法。现有的多目标算法有很多,如多目标遗传算法(multi objective genetic algorithm，MOGA)、非支配排序多目标遗传算法(non-dominated sorting genetic algorithm，NSGA)、带精英策略的非支配排序选择算法(fast elitist non-dominated sorting genetic algorithm，NSGA-II)、强度多目标进化算法(strength pareto evolutionary algorithm，SPEA)、基于分解的多目标进化算法(multi-objective evolutionary algorithm based on decomposition，MOEA/D)，以及基于正则化的多目标分布估计算法(regularity model-based multiobjective estimation of distribution algorithm，RM-MEDA)等。其中 NSGA-II 算法是由 Srinivas 和 Deb 于 2000 年在 NSGA 的思想上提出来的。它是一种基于遗传操作的多目标优化方法，继承了遗传算法中的选择、交叉和变异机制，并使用锦标赛算法对种群进行分级，针对同一级别的个体使用拥挤距离来度量重要性，以实现对所有个体进行排序的目的，此外，还引入了精英保留机制，能使好的个体得以保存。该算法的优点主要包括：降低了算法的时间复杂度；加入精英保留机制；使用拥挤度距离保持种群的多样性。

4.3.3.3　两类优化方法的异同点

非智能和智能两类优化方法的共同点都是基于迭代的思想，但各自都有其优缺点，两者的主要区别体现在以下几个方面：

1) 在初始解的选择上，非智能优化算法以一个候选解作为初始解，而群体智能优化算法则以一组候选解作为初始解，所以智能优化算法更容易获得全局最优解。

2) 在搜索策略上，非智能优化算法的搜索方向是按照梯度下降最大方向设置的，搜索策略大多是确定性的，而智能优化算法的搜索方向并不确定。

3) 在搜索约束上，非智能优化算法有非常严格的约束条件，需要模型满足连续性、可导性及可微等条件，而智能优化算法则不需要约束条件，所以智能优化算法的应用面比较广。

4) 在运行时间上，由于智能优化算法是基于群体搜索的算法，并且需要计算群体间的协同关系，而非智能算法是基于单点搜索，所以智能优化算法的运行时间复杂度要比非智能算法高。

4.3.4　基于混合模型的融合方法

限于单一算法的局限性，以及算法在机制上的共通特性，学者们提出了多种方法相结合的融合方法。通常混合型的融合方法优于单一融合方法。例如，在提升小波变换的基础上，牛晓晖和贾克斌[47]提出基于主成分分析和自适应区域方差的图像融合方法，提高了信息量和清晰度，其中低频近似系数采用基于主元分析加权法，高频细节系数来自于自适应局部区域方差的融合方法。彭真明等[48]提出了将多尺度变换和稀疏表示法相结合的多聚焦图像融合方法，在保留了图像的边缘信息和梯度信息的基础上，提高了图像的空间细节信息量，提升了融合质量。王威和张佳娥[49]为提高空间分辨率，提出了基于引导滤波和稀疏表示的融合方法，通过引导滤波算法，将全色图像作为向导图，对多光谱亮度图注入细节，加强局部细节，其空间分辨率和光谱的保留度都优于其他算法。除此之外，欧阳宁等[50]提出了基于 NSCT 和稀疏表示的多聚焦图像融合方法，基于非下采样双树复轮廓波变换(non-subsampled dual-tree complex contourlet transform，NSDTCCT)和稀疏表示的红外和可见光图像融合方法等也取得了较好的效果。PCNN 模型与其他方法也有结合。文献[51]提出 PCNN 与 NSCT 相结合的融合方法,文献[52]提出 NSST 域下双 PCNN 方法用于红外与可见光图像融合。文献[53]给出 NSCT 域下稀疏表示与 PCNN 相结合的医学图像融合方法,这些方法从多层次、多方向提取了图像细节,较好地改善了融合质量。为进一步加快融合速度,提高融合质量,自适应 PCNN 与其他方法进行了结合。例如:Ganasala[54]在 NSST 域下,采用特征激励自适应 PCNN 实现医学图像融合,徐卫良等[55]提出基于人眼视觉特性与自适应 PCNN 的医学图像融合方法。总之,混合型融合方法是采用两种或两种以上的方法,各取所长,优势互补,提高了融合质量。

[1] 融合的定义[EB/OL]. [2020-12-20]. https://concept.cnki.net/.

[2] 张良培,沈焕锋. 遥感数据融合的进展与前瞻[J]. 遥感学报,2016,20(5):1050-1061.

[3] Ghassemian H. A review of remote sensing image fusion methods[J]. Information Fusion, 2016, 32:75-89.

[4] Solanky V, Katiyar S K. Pixel-level image fusion techniques in remote sensing:A review[J]. Spatial Information Research, 2016, 24(4):475-483.

[5] Mishra D, Palkar B. Image fusion techniques:a review[J]. International Journal of Computer Applications, 2015, 130(9):7-13.

[6] Pandit V R, Bhiwani R J. Image fusion in remote sensing applications:A review[J]. International journal of computer applications, 2015, 120(10):22-32.

[7] Upla K P, Joshi M V, Gajjar P P. An edge preserving multiresolution fusion:Use of contourlet transform and MRF prior[J]. IEEE Transactions on Geoscience and Remote Sensing, 2015, 53(6):3210-3220.

[8] Chang X, Jiao L C, Liu F, et al. Multicontourlet-based adaptive fusion of infrared and visible remote sensing images[J]. IEEE Geoscience and Remote Sensing Letters, 2010, 7(3):549-553.

[9] Gangkofner U G, Pradhan P S, Holcomb D W. Optimizing the high-pass filter addition technique for image fusion[J]. Photogrammetric Engineering & Remote Sensing, 2007, 73(9):1107-1118.

[10] 刘颖,朱丽,林庆帆,等. 图像超分辨率技术的回顾与展望[J]. 计算机科学与探索,2020,14(2):181-199.

[11] 徐青. 遥感影像融合与分辨率增强技术[M]. 北京:科学出版社,2007.

[12] 张震洲,高昆,李维,等. 光学遥感图像的超分辨率处理技术综述[J]. 航天返回与遥感,2020,41(6):21-33.

[13] Campisi P, Egiazarian K. Blind image deconvolution:theory and applications[M]. Los Angeles:CRC Press, 2017.

[14] Li X L, Hu Y T, Gao X B, et al. A multi-frame image super-resolution method[J]. Signal Processing, 2010, 90(2):405-414.

[15] Tsai R Y, Huang T S. Multi-frame image restoration and registration[J]. Advance in Computer Vision and Image Processing, 1984, 1(2):317-339.

[16] Corvi M, Nicchiotti G. Multiresolution image registration[C]//Proceedings of International Conference on Image Processing. Washington, 1995.

[17] Yang W M, Zhang X C, Tian Y P, et al. Deep learning for single image super-resolution:a brief

review[J]. IEEE Transactions on Multimedia, 2019, 21(12)：3106-3121.

[18] 宋海英, 何小海, 陈为龙, 等. 多视频的时空超分辨率重建算法[J]. 北京邮电大学学报, 2011, 34 (4)：85-88.

[19] 韩玉兵. 图像及视频序列的超分辨率重建[D]. 南京：东南大学, 2005.

[20] Li K, Zhang X Q. Review of research on registration of sar and optical remote sensing image based on feature[C]//2018 IEEE 3rd International Conference on Signal and Image Processing (ICSIP). Shenzhen, 2018.

[21] Cole-Rhodes A A, Johnson K L, LeMoigne J, et al. Multiresolution registration of remote sensing imagery by optimization of mutual information using a stochastic gradient[J]. IEEE Transactions on Image Processing, 2003, 12(12)：1495-1511.

[22] Mirjalili S, Dong J S, Sadiq A S, et al. Genetic algorithm：Theory, literature review, and application [M]. New York：Springer, 2020.

[23] Ma J L, Cheung-Wai C J, Canters F. An operational superresolution approach for multi-temporal and multi-angle remotely sensed imagery [J]. IEEE Journal of Selected Topics in Applied Earth Observations and Remote Sensing, 2012, 5(1)：110-124.

[24] 杜斯亮. 卫星凝视成像快速可靠稳像匹配算法研究[D]. 武汉：武汉大学, 2018.

[25] 郭璇璘. 面向视频卫星数据的超分重建技术研究及应用[D]. 开封：河南大学, 2020.

[26] 姚烨. 高分辨率视频卫星影像超分辨率重建技术研究[D]. 北京：中国科学院大学, 2018.

[27] Ma W P, Guo Q Q, Wu Y, et al. A novel multi-model decision fusion network for object detection in remote sensing images[J]. Remote Sensing, 2019, 11(7)：737.

[28] 杨秀彬, 林星辰. 低轨凝视卫星动态跟踪对成像的影响分析[J]. 红外与激光工程, 2014, 43(S1)：203-208.

[29] Shahdoosti H R. Improved adaptive Brovey as a new method for image fusion[R]. arXiv preprint arXiv：1807.09610, 2018.

[30] Tu T M, Su S C, Shyu H C, et al. A new look at IHS-like image fusion methods[J]. Information Fusion, 2001, 2(3)：177-186.

[31] He C T, Lin Q X, Li H L, et al. Multimodal medical image fusion based on IHS and PCA[J]. Procedia Engineering, 2010, 7：280-285.

[32] Wang W C, Chang F L. A multi-focus image fusion method based on laplacian pyramid[J]. Journal of Computer, 2011, 6(12)：2559-2566.

[33] Amolins K, Zhang Y, Dare P. Wavelet based image fusion techniques：an introduction, review and comparison[J]. ISPRS Journal of photogrammetry and Remote Sensing, 2007, 62(4)：249-263.

[34] Chipman L J, Orr T M, Graham L N. Wavelets and image fusion[C]//Proceedings of IEEE International Conference on Image Processing. Washington, 1995.

[35] Dong L M, Yang Q X, Wu H Y, et al. High quality multi-spectral and panchromatic image fusion technologies based on Curvelet transform[J]. Neurocomputing, 2015, 159：268-274.

[36] Choi M, Kim R Y, Kim M G. The curvelet transform for image fusion[J]. International Society for Photogrammetry and Remote Sensing, 2004, 35：59-64.

[37] Yang X H, Jiao L C. Fusion algorithm for remote sensing images based on nonsubsampled contourlet transform[J]. Acta Automatica Sinica, 2008, 34(3)：274-281.

[39] 陈应霞. 遥感图像融合模型及优化方法研究[D]. 上海：华东师范大学, 2019.

[40] Joshi M V, Chaudhuri S. Zoom based super-resolution through sar model fitting[C]//2004 IEEE International Conference on Image Processing. Singapore, 2004.

[41] Masood S, Sharif M, Mussarat Y, et al. Image fusion methods: a survey[J]. Journal of Engineering Science & Technology Review, 2017, 10(6): 186-195.

[42] Elmasry S A, Awad W A, Abd El-hafeez S A. Review of different image fusion techniques: comparative study[M]//Internet of things: applications and future. New York: Springer. 2020.

[43] Meher B, Agrawal S, Panda R, et al. A survey on region based image fusion methods[J]. Information Fusion, 2019, 48: 119-132.

[44] Wang H Q, Li S, Song L Y, et al. An enhanced intelligent diagnosis method based on multi-sensor image fusion via improved deep learning network[J]. IEEE Transactions on Instrumentation and Measurement, 2020, 69(6): 2648-2657.

[45] Zhang Q, Liu Y, Blum R S, et al. Sparse representation based multi-sensor image fusion for multi-focus and multi-modality images: a review[J]. Information Fusion, 2018, 40: 57-75.

[46] Eberhart R, Kennedy J. Particle swarm optimization[C]//Proceedings of the IEEE international Conference on Neural Networks. Citeseer, 1995.

[47] 牛晓晖, 贾克斌. 基于PCA和自适应区域方差的图像融合方法[J]. 计算机应用研究, 2010, 27(8): 3179-3181.

[48] 彭真明, 景亮, 何艳敏, 等. 基于多尺度稀疏字典的多聚焦图像超分辨融合[J]. 光学精密工程, 2014, 22(1): 169-176.

[49] 王威, 张佳娥. 引导滤波和稀疏表示相结合的遥感图像融合算法[J]. 小型微型计算机系统, 2017, 38(3): 601-604.

[50] 欧阳宁, 郑雪英, 袁华. 基于NSCT和稀疏表示的多聚焦图像融合[J]. 计算机工程与设计, 2017, 38(1): 177-182.

[51] Cai J J, Cheng Q M, Peng M J, et al. Fusion of infrared and visible images based on nonsubsampled contourlet transform and sparse K-SVD dictionary learning[J]. Infrared Physics & Technology, 2017, 82: 85-95.

[52] Ding S F, Zhao X Y, Xu H, et al. NSCT-PCNN image fusion based on image gradient motivation[J]. IET Computer Vision, 2018, 12(4): 377-383.

[53] Xia J M, Chen Y M, Chen A Y, et al. Medical image fusion based on sparse representation and PCNN in NSCT domain[J]. Computational and Mathematical Methods in Medicine, 2018, 2018: 1-12.

[54] Ganasala P, Kumar V. Feature-motivated simplified adaptive PCNN-based medical image fusion algorithm in NSST domain[J]. Journal of Digital Imaging, 2016, 29(1): 73-85.

[55] 徐卫良, 戴文战, 李俊峰. 基于提升小波变换和PCNN的医学图像融合算法[J]. 浙江理工大学学报(自然科学版), 2016, 35(6): 891-898.

第5章　图像质量评估指标

5.1　概述

已经有许多图像融合技术具有不同的优势和局限性。然而,如何有效评估图像融合质量以提供令人信服的评估结果一直是一个具有挑战性的话题。在已有研究中,广泛使用的图像融合质量评估方法可分为两大类:定性评估和定量评估。因为定性评估可能包含主观因素,受到个人偏好的影响,所以通常需要用定量方法来客观证明定性评估的正确性。为综合评测图像质量,在定量评估中引入一系列的质量指标,如标准偏差、平均绝对误差、均方根误差、平方和误差指数、基于和平方误差的协议系数、信息熵、空间失真指数、平均偏差、偏差指数、相关系数、光谱畸变指数、图像融合质量指数、光谱角映射器、相对无量纲整体误差、Q 质量指数、Q_4 质量指数。

5.2　定性评估[1]

5.2.1　视觉评估

为比较同源不同方法下融合图像在视觉上存在可视化图像质量差异,要保证它们具有相同的质量可视化和可靠的视觉解释效果,通常采用亮度校正(brightness corrections)和灰度级变换(gray-scale transformations)。

图像对比度增强的方法可以分成两类:一类是直接对比度增强方法;另一类是间接对比度增强方法。直方图拉伸和直方图均衡化是两种最常见的间接对比度增强方法。直方图拉伸是通过对比度拉伸对直方图进行调整,从而"扩大"前景和背景灰度的差别,以达到增强对比度的目的。具体方法为,采用直方图拉伸对影像进行逐波段调整,如:线性拉伸(linear stretch)、开方拉伸(root stretch)、自适应拉伸(adaptive stretch)和均衡拉伸(equalization stretch)。直方图均衡化处理的"中心思想"是把原始图像的灰度直方图从比较集中的某个灰度区间变成在全部灰度范围内的均匀分布。直方图均衡化就是对图像进行非线性拉伸,重新分配图像像素值,使一定灰度范围内的像素数量大致相同。直方图均衡化就是把给定图像的直方图分布改变成"均匀"分布直方图分布。

5.2.2 分类评估

为证明经过前一步预处理后的几个测试图像具有相同的图像数字分类的质量,需要经过分类评估。例如,采用 ISODATA 聚类算法将几个图像聚类为相同数量的图像聚类结果。如果所有的聚类结果基本一致,没有出现在重叠位置的单独分类结果,可以由统计报告证明这几个测试图像具有相同的质量。

5.3 定量评估[2-8]

5.3.1 有参考图像时的评估指标

5.3.1.1 互信息(MI)

互信息是评估融合后图像得到源图像信息的指标之一。这个指标值越大,则融合图像信息就越丰富。通常,待评估融合图像和参考图像两幅图像之间的互信息表达式为:

$$MI_{FR}(i,j) = -\sum_{i=1}^{M}\sum_{j=1}^{N} P_{FR}(i,j)\log\frac{P_{FR}(i,j)}{P_F(i,j)P_R(i,j)} \tag{5-1}$$

式中:F 和 R 是待评估融合图像和参考图像;$P_F(i,j)$ 和 $P_R(i,j)$ 分别为二者的边际概率分布;$P_{FR}(i,j)$ 是联合概率。

5.3.1.2 相关系数(CC)

相关系数表示待评估融合图像和参考图像之间的相关程度。通常,待评估融合图像和参考图像两幅图像之间的相关系数表达式为:

$$CC = \frac{\sum_{i=1}^{M}\sum_{j=1}^{N}[F(i,j)-\bar{F}][R(i,j)-\bar{R}]}{\sqrt{\sum_{i=1}^{M}\sum_{j=1}^{N}[F(i,j)-\bar{F}]^2\sum_{i=1}^{M}\sum_{j=1}^{N}[R(i,j)-\bar{R}]^2}} \tag{5-2}$$

式中:F 和 R 表示待评估融合图像和参考图像;M 和 N 分别为行列数。二者越接近,CC 值越接近 1。

5.3.1.3 均方误差(MSE)

均方误差是衡量融合后待评估图像质量的指标之一。均方误差表达式为:

$$MSE = \frac{1}{M \times N}\sum_{i=1}^{M}\sum_{j=1}^{N}[F(i,j)-R(i,j)]^2 \tag{5-3}$$

式中:R 是参考图像;F 是待评估质量的融合图像;M 和 N 分别为图像的行列数;i 和 j 分别为像素行索引值和像素列索引值。

5.3.1.4 均方根误差(RMSE)

均方根误差是另一种衡量参考图像和融合图像之间差异的标准方法。均方根误差表达式为:

$$RMSE = \left\{ \frac{\sum\limits_{i=1}^{M} \sum\limits_{j=1}^{N} [R(i,j) - F(i,j)]^2}{M \times N} \right\}^{\frac{1}{2}} \tag{5-4}$$

式中:R 是参考图像;F 是待评估质量的融合图像;M 和 N 分别为图像的行列数。

5.3.1.5 平均偏差(MB)

平均偏差是衡量融合后待评估图像与参考图像之间像素级差别的指标之一。平均偏差表达式为:

$$MB = \frac{\sum\limits_{M,N} R(i,j)/(M \times N) - \sum\limits_{M,N} F(i,j)/(M \times N)}{\sum\limits_{M,N} R(i,j)/(M \times N)} \tag{5-5}$$

式中:R 是参考图像;F 是待评估质量的融合图像;M 和 N 分别是图像的行列数。

5.3.1.6 结构相似度指标(SSIM)

结构相似度指标可以量化多幅图像之间的相似度。它通过对比融合后待评估质量的融合图像和参考图像在亮度失真和对比度失真来反映相似度。结构相似度指标表达式为:

$$SSIM = \frac{(2\mu_R\mu_F + c_1)(2\sigma_R\sigma_F + c_2)}{(\mu_F^2 + \mu_R^2 + c_1)(\sigma_F^2 + \sigma_R^2 + c_2)} \tag{5-6}$$

式中:μ_F、μ_R 分别是融合图像和参考图像的均值;σ_F、σ_R 分别是融合图像和参考图像的方差;c_1 和 c_2 是两个常数。

5.3.1.7 相对全局综合误差(ERGAS)

相对全局综合误差是一类度量整体综合相对误差的指标。相对全局综合误差表达式为:

$$ERGAS = \frac{100}{R}\sqrt{\frac{1}{M \times N}\sum_{i,j=1}^{M,N}\left\{\frac{RMSE[F(i,j), R[(i,j)]}{\mu[R(i,j)]}\right\}^2} \tag{5-7}$$

式中:$RMSE$ 计算过程见前式(5-4);μ 表示图像的平均值。较小的 $ERGAS$ 表示融合效果更好,其最优值是 0。

5.3.1.8 光谱角映射器(SAM)

光谱角映射器是将每个光谱波段作为一个坐标轴,然后计算融合图像 F 与参考图像 R 在空间坐标轴上相对应像素之间的夹角。SAM 值可表示为 N 对波段矢量点积的余弦值,计算公式可写为:

$$SAM(\boldsymbol{v},\ \boldsymbol{v}') = \arccos\left(\frac{\sum\limits_{i,\,j=1}^{M,\,N} v_i v_i'}{\sqrt{\sum\limits_{i,\,j=1}^{M,\,N} v_i^2}\sqrt{\sum\limits_{i,\,j=1}^{M,\,N} v_i'^2}}\right) \tag{5-8}$$

式中：假设每幅图像有 N 个波段，波谱矢量分别为 $\boldsymbol{v} = (v_1,\ v_2,\ \cdots,\ v_N)$ 和 $\boldsymbol{v}' = (v_1',\ v_2',\ \cdots,\ v_N')$。当 $SAM = 0$ 时，表示没有光谱失真。

5.3.1.9　峰值信噪比（PSNR）

峰值信噪比是衡量最大可能信号功率与噪声功率比值的保真度指标之一。峰值信噪比表达式为：

$$PSNR = 20\log\frac{255\sqrt{3M \times N}}{\sqrt{\sum\limits_{i=1}^{M}\sum\limits_{j=1}^{N}\left[F(i,\,j) - R(i,\,j)\right]^2}} \tag{5-9}$$

式中：R 是参考图像；F 是融合待评估质量的图像；i 和 j 是像素行索引值和像素列索引值；M 和 N 分别是图像的行数和列数。

5.3.1.10　通用图像质量指数（UIQI）

通用图像质量指数是衡量从参考图像到融合图像的转换信息量，介于 $[-1,\ 1]$ 之间。通用图像质量指数表达式为：

$$UIQI = \frac{4\sigma_F\sigma_R \cdot (\bar{F} + \bar{R})}{(\bar{F}^2 + \bar{R}^2)(\sigma_F^2 + \sigma_R^2)} \tag{5-10}$$

式中：$\bar{R}$ 和 $\bar{F}$ 分别为参考图像与融合图像的期望值；σ_R 和 σ_F 分别是参考图像 R 与待评估质量融合图像 F 的标准偏差，计算过程见前述。

5.3.1.11　UIQI 的拓展矢量（Q_4）

Q_4 是一种通用图像质量指标（UIQI）的扩展评价方法，适用于最多具有四个波段的图像。它由三个不同的因素组成，分别是相关性、平均偏差、待评估质量融合图像的光谱波段与对应的参考图像的光谱波段的对比度变化。其计算公式为：

$$\begin{aligned}
Q_4 &= \frac{4\,|\sigma_{FR}|}{\sigma_F^2 + \sigma_R^2} \cdot \frac{|\bar{F}| \cdot |\bar{R}|}{|\bar{F}|^2 + |\bar{R}|^2} \\
&= \frac{|\sigma_{FR}|}{\sigma_F\sigma_R} \cdot \frac{2\,|\bar{F}| \cdot |\bar{R}|}{|\bar{F}|^2 + |\bar{R}|^2} \cdot \frac{2\sigma_F\sigma_R}{\sigma_F^2 + \sigma_R^2}
\end{aligned} \tag{5-11}$$

式中：等式右侧第一项表示辐射失真；第二项表示亮度失真；第三项表示对比度失真。Q_4 的值在 $[0,\ 1]$ 之间，其值越大，表明融合图像的质量越高。

5.3.1.12　波段光谱相似度（SPM）

波段光谱相似度综合考虑了光谱信息量、光谱曲线形状、光谱矢量大小三方面特征信息。SPM 值越小，说明这两个光谱越相似。

$$SPM = SID \times \tan\sqrt{SBD^2 + SSD^2} \tag{5-12}$$

其中，

$$光谱信息量：SID(F, R) = D(F \parallel R) + D(R \parallel F)$$

$$光谱曲线形状差异：SSD(F, R) = \left[\frac{1 - SCM(F, R)}{2}\right]^2$$

$$SCM(F, R) = \frac{\sum\limits_{k=1}^{N}(f_k - \bar{F})(R_k - \bar{R})}{\sqrt{\sum\limits_{k=1}^{N}(f_k - \bar{F})^2}\sqrt{\sum\limits_{k=1}^{N}(R_k - \bar{R})^2}} \tag{5-13}$$

$$光谱矢量大小：SBD(F, R) = \sqrt{\frac{1}{N}\sum\limits_{k=1}^{N}(f_k - r_k)^2}$$

式中：$D(A \parallel B)$ 称为光谱 A 关于另一个光谱 B 的相对熵；两个地物的光谱曲线形状差异可通过光谱间的皮尔森相关系数求取；SCM 的取值范围为 $[0, 1]$；N 代表光谱波段数；SBD 表示两个光谱矢量间的平均距离。

5.3.1.13 无参考的质量（QNR）

无参考的质量衡量融合图像和参考图像之间的差异度，差异度由光谱和空间失真度两部分构成。无参考的质量表达式为：

$$QNR = (1 - D_\lambda)^\alpha (1 - D_S)^\beta \tag{5-14}$$

其中，

$$光谱失真度：D_\lambda = \sqrt[p]{\frac{1}{N(N-1)}\sum\limits_{i=1}^{N}\sum\limits_{j=1}^{N}|d_{i,j}(F, \hat{F})|^p}$$

$$d_{i,j}(F, \hat{F}) = Q(F_i, F_j) - Q(\hat{F}_i, \hat{F}_j)$$

$$空间失真度：D_S = \sqrt[q]{\frac{1}{N}\sum\limits_{i=1}^{N}|Q(\hat{F}, R) - Q(F, R)|^q} \tag{5-15}$$

式中：D_λ、D_S 表示光谱和空间失真度；α、β 为权重系数；QNR 的取值范围为 $[0, 1]$。$Q(A, B)$ 表示图像的差别度，其参数 $p = 1$、$q = 1$。

5.3.2 没有参考图像时的评估指标

5.3.2.1 熵（H）

熵是衡量图像信息丰富度的重要指标。融合前后的图像信息量必然会发生变化。根据 Shannon 信息原理，图像的信息熵表达式为：

$$H = -\sum\limits_{i=0}^{L-1} p(i) \log_2 p(i) \tag{5-16}$$

式中：$p(i)$ 是灰度等级 i 的概率；L 是图像的总灰度，分析图像的动态范围为

$[0，L-1]$。如果融合后熵值变高,它表明信息增加并且融合性能得到改善。

5.3.2.2 整体交叉熵(OCE)

整体交叉熵用于确定多个源图像之间的差异。如果值较小,则意味着融合后待评估图像和参考图像差别较小。整体交叉熵表达式为:

$$OCE(S_A，S_B；F) = \frac{CE(S_A；F) + CE(S_B；F)}{2} \tag{5-17}$$

式中:OCE 表示图像的交叉熵;S_A 和 S_B 表示两个源图像 A 和 B 的熵;F 是融合图像。

5.3.2.3 标准偏差(STD)

标准偏差通常用于没有噪声存在的情况下测量融合图像中的对比度。图像对比度越高,标准偏差的值就越高。通常,标准偏差表达式为:

$$STD = \sqrt{\frac{\sum_{i=1}^{M}\sum_{j=1}^{N}[I(i，j) - \overline{I}(i，j)]}{M \times N}} \tag{5-18}$$

式中:M 和 N 分别为待评估图像的行数和列数;$I(i，j)$ 是位置 $(i，j)$ 上像素的灰度值;$\overline{I}(i，j)$ 是位置 $(i，j)$ 上像素的灰度均值。

5.3.2.4 相对平均光谱误差(RASE)

相对平均光谱误差是一种衡量融合图像的整体光谱质量的百分制数值。相对平均光谱误差表达式为:

$$RASE = \frac{1}{M \times N}\sum_{i，j=1}^{M，N} RMSE^2(B_i) \tag{5-19}$$

式中:B_i 对应于多光谱图像的波段索引值;N 是多光谱图像的波段数量;$RMSE$ 是均方根误差,计算过程见前述;M 是多光谱图像 N 个波段的平均的辐射值。

5.3.2.5 空间频率(SF)

空间频率用于衡量待评价图像总体活跃程度,空间频率越大图像越活跃、越清晰。类似小波分解得到水平、垂直和对角三个方向的高频细节,在位置 $(i，j)$ 处灰度值为 $I(i，j)$,空间频率表达式为:

$$SF = \sqrt{(HF)^2 + (VF)^2 + (DF)^2}$$

$$HF = \sqrt{\frac{1}{M \times (N-1)}\sum_{i=1}^{M}\sum_{j=2}^{N}[I(i，j) - I(i，j-1)]^2}$$

$$VF = \sqrt{\frac{1}{(M-1) \times N}\sum_{i=2}^{M}\sum_{j=1}^{N}[I(i-1，j) - I(i，j)]^2} \tag{5-20}$$

$$DF = \sqrt{\frac{\sum_{i=2}^{M}\sum_{j=2}^{N}[I(i，j) - I(i-1，j-1)]^2}{(M-1) \times (N-1)}} + \sqrt{\frac{\sum_{i=2}^{M}\sum_{j=2}^{N}[I(i-1，j) - I(i，j-1)]^2}{(M-1) \times (N-1)}}$$

式中:HF 为水平方向频率;VF 为垂直方向频率;DF 为对角方向频率;I 为灰度值;i、

j 分别为像素行索引值和像素列索引值。

5.3.2.6　融合互信息指标(FMI)

融合互信息指标度量标准评估对源图像的依赖程度,它基于互信息(MI)并测量从输入图像转换为融合图像的特征信息。融合互信息指标表达式为:

$$FMI = MI_{A, F} + MI_{B, F} \tag{5-21}$$

式中:A,B 是输入图像;F 是融合图像。如果 FMI 值高,则表明大量信息从输入传递到融合图像。MI 指标计量方法见第 5.3.1.1 小节。

5.3.2.7　图像平均梯度指标(AG)

图像平均梯度指标用来度量融合后图像是否获得丰富的边缘和纹理信息。图像平均梯度指标表达式为:

$$AG = \frac{\sum_{i=1}^{M-1} \sum_{j=1}^{N-1} \sqrt{\dfrac{[I(i, j) - I(i-1, j)]^2 + [I(i, j) - I(i, j-1)]^2}{2}}}{(M-1) \times (N-1)} \tag{5-22}$$

式中:I 是融合待评估的融合图像的灰度值;M 和 N 分别为图像的行数和列数;i 和 j 分别为像素行索引值和像素列索引值。

5.3.2.8　权重融合质量指数(WFQI)

权重融合质量指数综合考虑了对比度、方差、熵和 A、B 图像局部相关性,以及融合权重系数。权重融合质量指数表达式为:

$$WFQI(A, B, F) = \frac{1}{W} \sum_{w \in W} [\lambda_A(w) Q_0(A, F \mid w) + \lambda_B(w) Q_0(B, F \mid w)] \tag{5-23}$$

其中,

$$Q_0(A, F) = \frac{1}{W} \sum_{w \in W} Q_0(A, F \mid w)$$

$$Q_0(B, F) = \frac{1}{W} \sum_{w \in W} Q_0(B, F \mid w)$$

$$\lambda_A(w) = \frac{s(A \mid w)}{s(A \mid w) + s(B \mid w)} \tag{5-24}$$

$$\lambda_B(w) = \frac{s(B \mid w)}{s(A \mid w) + s(B \mid w)}$$

式中:$s(A \mid w)$ 表示 A 图像内搜索窗口 w 内像素的相关性;$\lambda_A(w)$ 为 A 图像内局部的融合权重系数,而 $\lambda_A(w) = 1 - \lambda_B(w)$。

5.4　小结

在实际评估融合图像结果时,应同时考虑主观和客观评估指标,原因在于:定性评估可能包含主观因素,受到个人偏好的影响,需要使用定量评估的方法来客观证明定性评估的正确性。但是,由于定量评估指标较多,当定量评估指标中出现相悖结论时,定量分析也不容易提供令人信服的评定结论。

此外,客观评估指标还没有形成一个统一的标准体系。指标的选取原则通常是根据融合方法和评估侧重点来确定的,一般建议从以下三个方面来考虑:

1) 空间分辨率融合的目的是为了得到高空间信息的多光谱图像,因此可以选取 $QAVE$、$UIQI$ 等相关指标来进行评估。

2) 光谱分辨率除需评估空间信息外,还需判断光谱特性有无发生变化,因此需选取 SAM、$RASE$ 等相关指标来进行评估。

3) 整体质量融合后的图像不仅要有较好的空间分辨率和光谱分辨率,还要有较好的质量保证。因此,还可以选用一些整体质量评估指标,如 $WFQI$、$PSNR$ 等。

[1] Zhang Y. Methods for image fusion quality assessment-a review, comparison and analysis[J]. The International Archives of the Photogrammetry, Remote Sensing and Spatial Information Sciences, 2008 (37): 1101-1109.

[2] Park S C, Park M K, Kang M G. Super-resolution image reconstruction: A technical overview[J]. IEEE Signal Processing Magazine, 2003, 20(3): 21-36.

[3] Ghassemian H. A review of remote sensing image fusion methods[J]. Information Fusion, 2016(32): 75-89.

[4] Sivagami R, et al. Review of image fusion techniques and evaluation metrics for remote sensing applications[J]. Indian Journal of Science and Technology, 2015, 8(35): 1-7.

[5] Piella G, Heijmans H. A new quality metric for image fusion[C]//2003 IEEE International Conference on Image Processing (Cat. No. 03CH37429). Barcelona, 2003.

[6] Pandit V R, Bhiwani R J. Image fusion in remote sensing applications: a review[J]. International Journal of Computer Applications, 2015, 120(10): 22-32.

[7] 孔祥兵,舒宁,陶建斌.一种基于多特征融合的新型光谱相似性测度[J].光谱学与光谱分析,2011, 31 (8): 2166-2170.

[8] 陈应霞.遥感图像融合模型及优化方法研究[D].上海:华东师范大学,2019.

第6章 研究区概述、数据标准化处理及估产模型

影像合成技术源于农业应用中的数据源缺失,故应将第二、第三章技术运用于农业应用中来进行验证。本章主要对研究区情况、数据来源及处理、估产模型及精度评价进行概述,以北京市统计局的"统计遥感业务化"项目为背景,对研究区概述、数据标准化处理及估产模型做介绍。

6.1 研究区概述

目前,国内关于都市型农业比较一致的看法是,都市型农业是指分布在都市内部及其周围地区或者大都市经济圈内,紧密依托城市、服务城市的特殊形态的农业;是以绿色生态农业、观光休闲农业、市场创汇农业、高科技现代农业为标志,以园艺化、设施化、工厂化生产为手段,以大都市市场需求为导向,融生产性、生活性和生态性于一体,优质高效和可持续发展相结合的现代农业[1]。

北京农业属于"都市型农业",京郊种植业对于保障城市居民农产品需求意义非同寻常,具有以下三个方面特征[2]:

1)政策导向性强:开展储备、种植、流通、退耕还林等系列农业生产活动均以政策为导向;

2)结构性调整频繁:注重品种布局优化,频繁进行结构性调整;

3)供给依赖外省市:粮食在品种和数量上总体不能满足自给。

利用遥感监测技术,北京冬小麦种植体现为以下特征:

1)作物面积总量较小,分布破碎,种类较多;

2)分布相对不均,年际变动大;

3)种植结构相对复杂。

北京市位于北纬 39.4°～41.6°,东经 115.7°～117.4°,东南与天津市毗邻,其余与河北省接壤。北京地处华北平原西北部,地势西北高、东南低,西、北、东三面环山,东南面向华北平原和渤海。北京市处于暖温带半湿润季风大陆性气候区,气候特点为四季分明:春季干旱,昼夜温差大,多风沙;夏季酷暑炎热,降水集中,雨热同季;秋季天高气爽,冷暖适宜,光照充足;冬季寒冷干燥。北京市气候具有温带大陆性季风气候四季分明的特点,年度间气候变幅大。平原地区年平均气温 11.5℃,大于 0℃,积温 4 400℃,无霜期 190～195 d,降水量 600 mm 左右。冬小麦从种植到收获约 257 d,积温 2 000℃左右,其中冬前积温 500℃左右[3]。

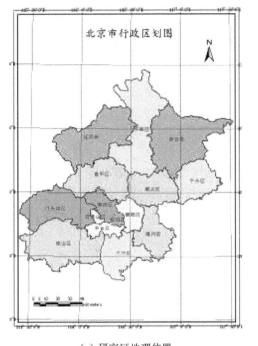 

（a）研究区地理位置　　　　　　　　　（b）2009 年北京市冬小麦种植地块空间位置

图 6-1　研究区情况

中国农业信息网：http://agri.cn/kj/syjs/zzjs/201810/t20181029-6272367.htm

北京种植的农作物主要有玉米、冬小麦、大豆等作物。其中，冬小麦主要分布在北京东部和南部等平原区县，主产区为通州、顺义、大兴、房山四个行政区，小麦面积都在 15 万亩（100 km²）以上，占整体种植面积的 88%。北京市的冬小麦种植规律：北京地区的冬小麦一般是前一年的 9 月底至 10 月上旬开始播种，10 月中下旬出苗，次年 3 月中下旬开始返青继而进入起身和拔节期，到 5 月中上旬开始进入抽穗期，冬小麦覆盖度和生物量都达到最大值，到 6 月中下旬，全部成熟，并收获。时间跨度 8 个多月，经历出苗、分蘖、越冬、返青、起身、拔节、抽穗、灌浆和收获等生长期，见表 6-1。

表 6-1　北京地区冬小麦物候历表

月份	1 月			2 月			3 月			4 月			5 月			6 月			7 月			8 月			9 月			10 月			11 月			12 月		
旬	上	中	下	上	中	下	上	中	下	上	中	下	上	中	下	上	中	下	上	中	下	上	中	下	上	中	下	上	中	下	上	中	下	上	中	下
冬小麦		越冬					返青			起身			拔节		抽穗		灌浆		收获									播种			出苗			分蘖		越冬
春玉米														出苗		拔节			吐丝			灌浆			收获											
夏玉米																	出苗		拔节			吐丝			灌浆		收获									
棉花										播种			出苗			长叶			现蕾			开花						裂铃		收获						
苜蓿		越冬					返青			分枝			开花		刈割		生长				刈割		交替							越冬						
春大豆														出苗		花芽			开花		结荚			鼓粒			收获									

由于同一种作物在不同物候期的遥感图像上有不同的光谱特征，不同作物在同一张图

像的光谱也存在差异,作物物候历的种间差异是选择作物识别时相的常用依据。由物候表可见,从 11 月下旬到次年 2 月冬小麦处于越冬状态,这段时间基本不能反映出冬小麦的生长信息。直到 3 月小麦开始返青,小麦重返生长阶段,至 6 月中下旬收割的这段时间内,在影像上冬小麦的光谱信息非常明显,仅用单幅的遥感影像就能够很好地识别冬小麦。因此,可把 4—6 月这段时期定为冬小麦识别较优时间段[4]。

6.2　试验数据说明

下文对本书实验数据包括遥感数据、行政边界数据、种植地块数据、样本点实测数据、统计数据列表说明。其中,现势卫星遥感影像,可以提供作物的光谱信息,详见表 6-2。

表 6-2　北京市农作物测量遥感数据清单

数据名称	时相	分辨率(m)	数据类型	详细说明
Landsat5-TM	2009 年 4 月 2009 年 5 月 2009 年 6 月	30	多光谱影像	Surface Reflectance Bands 1-7
Terra-MODIS	2009 年 4 月 2009 年 5 月 2009 年 6 月	250	多光谱影像	MOD09GQ 250m Daily Surface Reflectance Bands 1-2 MOD09Q1-097、129、145

农作物面积测量过程中除了使用遥感数据以外,还使用了其他辅助数据,主要用于界定遥感行政范围、提供地面验证样本点,其用途和精度情况见表 6-3。

表 6-3　北京市农作物测量矢量数据清单

数据名称	时相	比例尺	用途
行政边界	2002 年	1∶10 000	与农作物预分类结果相叠加,提取各个行政单元内农作物的面积信息
种植地块	2009 年 6 月	1∶50 000	建立北京地区耕地地块本底数据库,作物抽样单元的入样总体,全区建立约 22 个地块
样本数据	2009 年 9 月	1∶50 000	为野外调查提供 PDA 导航底图
统计数据	2009 年 6 月	1∶50 000	测量结果比较

6.3　试验数据预处理

数据预处理是开展农作物信息提取必不可少的前期工作,数据处理主要涉及数据导入、大气校正、投影变换、几何校正、图像拼接裁剪等过程。MODIS 与 TM 数据预处理流程见图 6-2。

1) MODIS 数据预处理流程。本书 MODIS 数据为 MOD09GQ,经系统几何校正、大气校正后的 Level 2 产品。

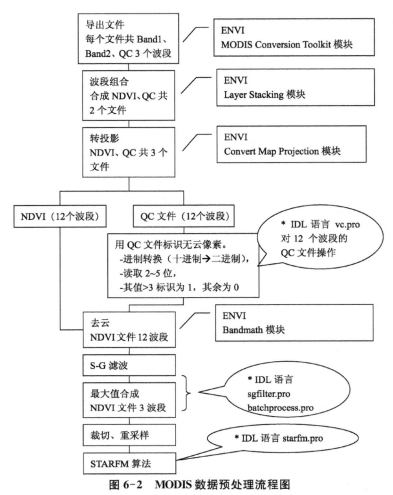

图 6-2　MODIS 数据预处理流程图

注：带 * 和椭圆形框的标注为 IDL 编程实现的；方形框的标注为采用 ENVI 算法模块实现的。

2）TM 数据预处理流程。本书的 TM 数据为系统几何校正产品，根据头文件经辐射校正、大气校正、转投影及几何精校正，过程如下。

农作物提取过程需要对遥感数据进行大气校正，以获取地物真实的地表反射率，提高作物分类精度。FLAASH 是光学成像研究所——波谱科学研究所开发的大气校正模块，适用于高光谱遥感数据和多光谱遥感数据。图 6-3 为 FLAASH 的参数配置及大气校正结果示例。

投影变换：农作物信息提取过程中涉及较多的信息源，不同数据源的同名地物空间位置一致性是开展作物准确识别的基础，因此将多源遥感数据投影到相同的坐标参考系是开展基于 GCP 控制点进行几何校正的基础。投影的目标参考系 UTM 50，WGS 84 的坐标如图 6-4 所示。

几何精校正：以 2009 年耕地地块和北京市 1∶10 000 主干交通道路网矢量图层为参考数据，采用二阶多项式法对待纠正遥感影像进行几何精纠正，保证参与农作物信息提取的全部数据在空间上的一致性。配准结果精度：每个地面控制点 RMS 误差与 RMS 累积误差均小于 1，空间匹配误差保证在 0.5 个像元之内。经过几何精校正前后遥感影像的示意图如图 6-5 所示。

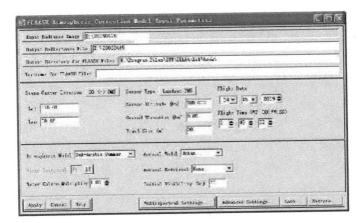

（a）FLAASH 参数配置

（b）大气校正前后效果比较

图 6-3　TM 数据预处理流程——大气校正

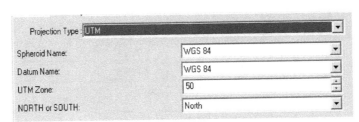

图 6-4　TM 数据预处理流程——投影转换

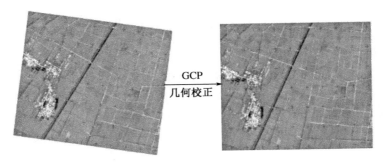

图 6-5　TM 数据预处理流程——几何精校正

6.4 遥感影像的冬小麦面积提取方法

由冬小麦物候历表可以得知,在冬小麦播种时冬小麦种植地呈现裸地状态,而在11月小麦分蘖时期能够在影像上识别出来小麦,因此可以通过多时相遥感影像获取冬小麦的种植面积信息。这里至少需要这两个关键期的遥感影像,获取两期NDVI值图像,利用冬小麦物候特征分别设置阈值,得出10月底的裸地信息和11月的植被信息并进行叠加,进而得到冬小麦的播种面积和空间分布信息,具体流程如图6-6所示。

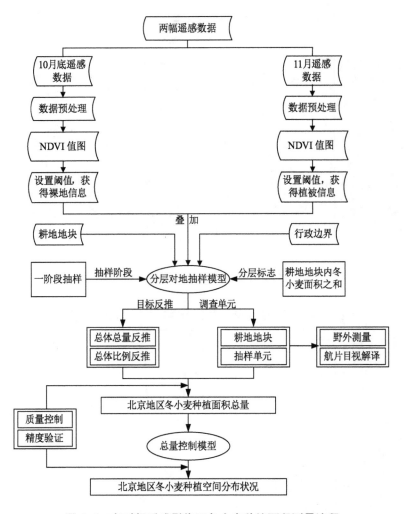

图6-6 多时相遥感影像下冬小麦种植面积测量流程

此流程中关键步骤是阈值的确定,遵照不能漏分的原则,确保将所有裸地信息纳入阈值范围。

6.5　空间抽样方法

空间抽样包括两个步骤：选点和实割实测。本书抽样数据为北京市统计局提供的 80 个冬小麦抽样村内近 300 个地块产量数据。

在每个抽样村按照 PPS 抽样抽取一定数目的地块（每个村 6～8 块），逐地块实测 5 m² 的冬小麦，脱粒晾晒称重得到地块级单产，并以面积加权汇总得到村级单产。收割过程中，对于每个地块取样，为保证地块取样的代表性，每个取样地块取 5 m²，但分成 5 个约 1 m² 的割样进行收割，如图 6-7 所示即以一个割样为中心，其他四个在其四角距离 30 m 左右割样。

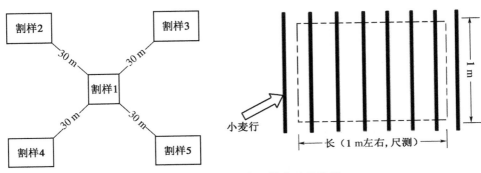

图 6-7　地块冬小麦取样方法示意图

6.6　遥感估产模型

输入数据：2009 年 4—6 月 TM 影像，当年冬小麦种植分布。

输出数据：当年区县级、市级冬小麦预产结果（图 6-8）。

作物产量与其特征物候期内的长势优劣密切相关，产量预测主要是依据长势情况对当年作物在收获前做近似的估量，许多相关植被指数如 NDVI 能够反映作物长势的优劣情况，因此作物产量与遥感影像所提取的植被指数存在着一定的函数关系，该函数关系可通过多时段植被指数与地面抽样点实测作物产量建立回归模型分析获取。

遥感单产模型是计算北京主要农作物冬小麦和玉米的主要模型方法，遥感指数有很多，如 NDVI、RVI、PVI、VC 等，但应用最广泛的还是 NDVI，因此，本系统所用的遥感指数主要为 NDVI 及其衍生植被指数，所建立的单产监测模型可以用式（6-1）来表示：

$$Yield = Function(VI) \tag{6-1}$$

式中：VI 为植被指数，通常主要是归一化差值植被指数 NDVI，及其衍生的指数如多个关键生育期的植被指数和（$\sum$NDVI），开花后期与开发前期的累积植被指数差（NDVI anaphase -NDVI prophase）等。

Function 是指函数类型，通常用一次或二次线性函数、对数、指数等常用形式，即

$$Yield = a + b \times VI$$
$$Yield = a + b \times VI + c \times VI^2$$
$$Yield = a + b \times \ln VI \qquad (6\text{-}2)$$
$$Yield = a + b \times \exp(VI)$$

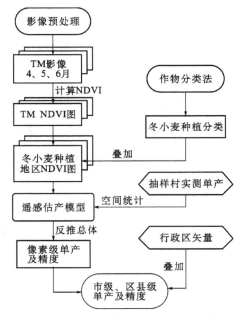

图 6-8　北京市农作物遥感估产技术流程

具体用哪一种函数,则需要视模型的拟合精度 R^2 决定,即选择 R^2 最大的模型作为监测模型,并须对上述估产模型进行适当的系数调整。

为保证一定的预测精度,对作物的产量预测需要满足以下条件:

1) 遥感影像的时相:对于具体作物,就冬小麦而言,主要选择冬小麦生育期拔节至灌浆之间时段的遥感影像,北京地区为4月中下旬到5月下旬时段。对于冬小麦产量预测影像的选择,要求上年和当年遥感影像时间尽可能是同生育期时间,或者说影像时间在生育期是准同步的。

2) 有效的遥感估产模型:对于北京农作物单产遥感预测的业务化运行,可采用的是比值法,即用同一区县的上年和当年的准同期植被指数 NDVI 作比值,结合去年的产量情况进行定量预测分析。

6.7　精度评价

对于一个区域的农作物产量而言,无法获取绝对的准真值,因此无法对遥感预产、遥感估产进行绝对准确的精度评价。抽样统计方法虽然存在一定的局限性,但在大部分地区被运用多年,有着一定的科学价值。

针对主产区,如种植规模最大的大兴、房山、通州、顺义四个区,以 PPS 抽样[3]的方法进行二次野外实测,并利用基准值对遥感估产结果进行分区县精度分析。

对于非主产区,如昌平、丰台、海淀、门头沟、延庆等,以国家统计局北京调查总队提供的区县上报作物产量数据为基准值,对遥感估产结果进行验证。

本章在"都市型农业"这种特定模式下,介绍了研究区、试验数据来源、预处理流程、估产模型及精度验证,从遥感信息处理角度概括讨论。需要说明的是,其中统计数据来源于北京市统计局,部分成果资料来源于北京师范大学公开发表的文献。

[1] 张龙,程晓仙,肖长坤,等. 北京都市型现代农业发展的现状,困境与改革方向[J].科技和产业,2018, 18(7):33-37.

[2] 刘玉,冯健.城乡结合部农业地域功能实现程度及变化趋势——以北京为例[J].地理研究,2017,36(4): 673-683.

[3] 中国农业信息网:http://agri.cn/kj/syjs/zzjs/201810/t20181029-6272367.htm.

[4] Zhang Y, Xie Q Q, Niu J J. Teaching estimation about the family of SRS, PPS and MPPS sawpling desigas[C]// The Internationd confereace on Teaching Statistics Salvador. Bahia, 2006.

第7章 时序插补影像应用于农业估产

针对时序影像缺失问题,本书提出了动态优化时空自适应算法,并将其应用于北京市冬小麦估产中。在此基础上,本书提出了一套对合成影像在实际应用中的测试策略,进一步评估该算法的实用性及有效性。

7.1 实例分析

首先,采用动态优化时空自适应算法生成遥感影像合成图。在实际应用中将多景影像经过严格的预处理,得到在空间和光谱较为一致的影像后,检验多个传感器的支持度。同时按照时序插补模型得到首次合成结果影像和先验方差,按照动态时空自适应方法对结果进行一次迭代修正和验后方差,对若干次迭代之后的方差列表进行分析。取首次合成影像与修正后影像进入下一轮应用检验。

其次,将两景合成影像(NDVI 影像)和 80 个村级实测单产建立函数关系,并进行相关性分析。将首次合成影像与 N 次迭代合成影像的 NDVI 分别与 80 个抽样村实测单产建立估产归一化函数,得到散点图,并对估产结果精度进行评价。

再次,将修正后合成影像汇总到区县级,和真实影像一同与区县级实测单产建立函数关系,并进行相关性分析。将 N 次迭代后的合成影像与真实影像一同代入遥感估产模型,得到的估产结果汇总到区县级,与北京市区县级统计数据做对比,并对估产结果精度进行评价。这里的真实影像应为与合成影像同一天的、真实存在的影像,真实影像作为合成影像的参照景使用。

最后完成对算法推广和算法拓展应用的讨论。

根据研究区冬小麦种植物候历表,3 月拔节后影像信息还不显著,4 月中旬开始抽穗,至 6 月收割之前,冬小麦光谱信息 NDVI 呈先升后落的波形,因此将 4—6 月时段作为冬小麦估产的最佳时相。本书分析的实例已知数据为:2009-04 TM、2009-05 TM、2009-06 TM 和相应时期的 MODIS 影像(Daily 数据),本书将 2009-05 TM 作为预测景,将同时期真实影像作为对照景(表 7-1、图 7-1)。

表 7-1　研究区现势遥感数据

传感器(Type)	日期(Date)
MODIS	4 月 15 日,5 月 17 日,6 月 2 日
TM	4 月 15 日,5 月 17 日,6 月 2 日

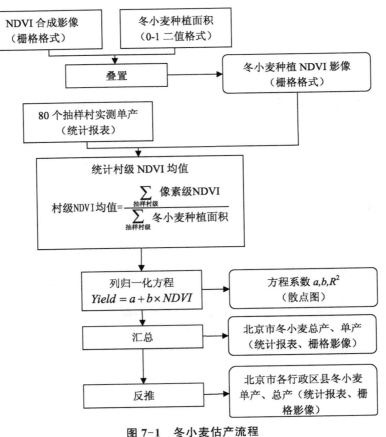

图 7-1　冬小麦估产流程

注：圆角矩形框为得出成果，矩形框为执行步骤或资料。

7.1.1　一致性测度检验

由第 2 章可知，k 时刻传感器 i 和传感器 j 观测值及支持度表示为：

$$z_i(k) = \Omega + v_i(k)$$
$$z_j(k) = \Omega + v_j(k) \tag{7-1}$$

$$\alpha_{12}(k) = \exp\{-\alpha[z_i(k) - z_j(k)]^2\} \tag{7-2}$$

式中：$z_i(k)$ 为第 i 个传感器在 k 时刻的观测值；$v_i(k)$ 为 k 时刻的观测噪声。

对两个传感器在同时相同一空间分辨率下采集若干位置观测值，得到 $\alpha_{12}(k) \in [0, 1]$，参数 α 可调整度量尺度，得到 TM 和 MODIS 传感器间一致性测度：

$$SD(k) = \begin{bmatrix} 1 & \alpha_{12}(k) \\ \alpha_{21}(k) & 1 \end{bmatrix} \tag{7-3}$$

取两组测量值，参数 α 取 0.823 1，得到 TM 和 MODIS 传感器间一致性测度：

$$SD = \begin{bmatrix} 1 & 1.031\ 6 \\ 1.031\ 6 & 1 \end{bmatrix}$$

总结：从一致性测度可知，对于中分辨率 TM 和低分辨率 MODIS 影像在经过预处理之后，几何配准精度和光谱一致性两方面完全达标，利于开展后续算法。

7.1.2 实验结果及结果分析

本书对影像结果在全景范围进行了一次迭代，同时取验后方差作为权重系数的参数，结果如下：

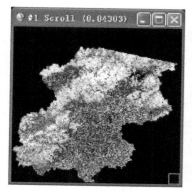
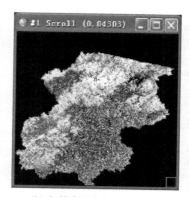
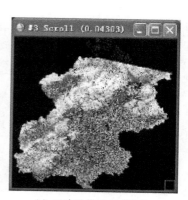

(a) 2009 年 5 月 TM 真实影像　　(b) 初始合成影像　　(c) N 次迭代后合成影像

(2009−05 TM real image)　(TM intitial synthetic image)　(TM synthetic image after N iterations)

图 7-2　NDVI 影像图对比

从图 7-2 中可以看到，用时空自适应加权的合成方法得到的若干次迭代合成影像与没有迭代的合成影像相比较，从目视效果上来看，在局部地区有显著差异，总体较好。从图中可以看出居民地、水体、旱地、草地、河滩地和林地等的具体地物特征容易区分。为了定量评价其效果，用方差作为精度评价指标：

表 7-2　精度分析：先验/验后方差

迭代次数 N	误差方差（Error variance）	$E_b(i-1) - E_b(i)$
$E_b(0)$	0.116 102	—
$E_b(1)$	0.110 518	0.005 584
$E_b(2)$	0.120 114	−0.009 596

将 TM 初始合成影像与 N 次迭代合成影像的 NDVI 分别与 80 个抽样村实测单产建立估产回归函数，生成的散点图如图 7-3 所示。

从图 7-3 可以看到 TM 初始合成影像与 N 次迭代合成影像的估产归一化函数的 R^2 系

数分别为 0.361 和 0.477,两者相差不大,且后者的 R^2 系数稍大于前者。这表明,将经迭代运算之后影像与实测村产量建立回归模型得到的估产值跟实产值更为接近,考虑到变权系数引入迭代过程,调节观测值使之得以优化估计,与实测值的相对误差减小。因此,从该模型得出的结论是,算法在迭代之后得到的优化估计值更加逼近于真实影像,建立的植被指数与村实产之间的线性回归模型更为稳定。

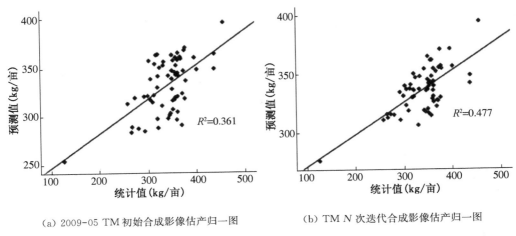

（a）2009-05 TM 初始合成影像估产归一图　　　　（b）TM N 次迭代合成影像估产归一图

图 7-3　TM 合成 NDVI 影像的估产归一图

为了进一步检验算法的适用性,将前述估产归一模型计算单产反推至区县级,得到北京市主产区的冬小麦单产,再次生成区县级实测单产与统计单产的相关系数。这里将 TM 在 N 次迭代后的合成影像结果(TM Synthetic image after N iterations)与真实影像(2009-05 TM real image)一同代入遥感估产模型,将得到的估产结果与北京市区县级统计数据做对比,发现合成影像和真实影像生成的遥感估产结果,分别与统计官方发布数据相比较后,两者都具有很好的线性关系,R^2 分别为 0.861 和 0.852,对比结果如图 7-4 所示。

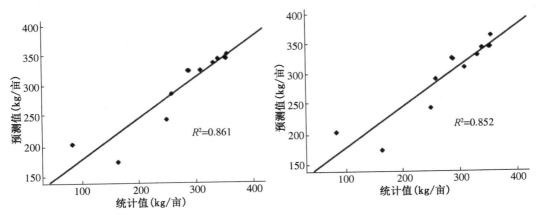

（a）TM 真实影像与统计数值的相关系数　　　　（b）TM 在 N 次迭代后合成影像与统计数值的相关系数

图 7-4　估产结果验证

7.2 关于算法推广的讨论

7.2.1 多时相影像公式表达

假设有多景影像 $\{p_1, p_2, \cdots, p_n\}$ 构成影像时序,对其中缺失的一景 p_k 进行预测,对影像时序做时序曲线,采用自回归滑动平均模型(auto regressive moving averager model,ARMA)进行估值,得到 S 为序列估计值。

求 t_k 时刻 TM 真值和计算值的差 $L(x_i, y_i, t_k) - L'(x_i, y_i, t_k)$,其差根据式(7-4)对初始值 $L^{(0)}(x_i, y_j, t_0)$ 继续修正,

$$L^{(1)}(x_i, y_j, t_0) = L^{(0)}(x_i, y_j, t_0) + \dot{S}[L(x_i, y_i, t_k) - L'(x_i, y_i, t_k)] \quad (7\text{-}4)$$

式中:S 是权重分配函数的时间序列估计值。

7.2.2 多源传感器公式表达

假设有多传感器 $\{s_1, s_2, \cdots, s_m\}$ 构成影像集合,对其中缺失的一景的某分辨率传感器影像 s_k 进行预测,取其中分辨率较高的影像为参照进行处理,如果同时又存在多景,则进行归一化处理,取归一化参数 $\bar{S}$ 作为影像集合估计值。

求 t_k 时刻 TM 真值和计算值的差 $L(x_i, y_i, t_k) - L'(x_i, y_i, t_k)$,其差根据式(7-5)对初始值 $L^{(0)}(x_i, y_j, t_0)$ 继续修正,

$$L^{(1)}(x_i, y_j, t_0) = L^{(0)}(x_i, y_j, t_0) + \bar{S}[L(x_i, y_i, t_k) - L'(x_i, y_i, t_k)] \quad (7\text{-}5)$$

式中:$\bar{S}$ 是权重分配函数的影像集合估计值。

7.3 小结

本章将第 2 章模型应用至遥感实景影像,将合成影像(2009-05 TM NDVI 影像)应用于北京地区冬小麦单产估测,从影像层面和估产应用层面分别对算法进行评价,本章主要完成以下几方面的工作:

首先,完成遥感影像合成图及误差方差分析。在实际应用中输入数据,将多景影像经过严格的预处理后,得到在空间和光谱较为一致的影像,检验多个传感器的支持度,在一致性测度较好的前提下按照时序插补模型得到首次合成结果影像和先验方差,即初始合成影像,按照动态时空自适应方法对结果进行二次修正影像和验后方差,对两次结果影像的方差做列表分析(见表 7-2),可知一次迭代修正后影像时序误差方差低于未经修正的影像,故取修正后结果进入下一轮应用检验。

其次,将两次合成影像和村级实测单产建立函数关系,并进行相关性分析。将初始合成

影像与 N 次迭代合成影像的 NDVI 分别与 80 个抽样村实测单产建立估产归一化函数,得到散点图(见图 7-3),并对估产结果精度进行评价。

再次,将修正后结果与真实影像和区县级实测单产建立函数关系,并进行相关性分析。将修正后结果与真实影像一同代入遥感估产模型,将得到的估产结果与北京市区县级统计数据做对比(见图 7-4),并对估产结果精度进行评价。

最后,完成对算法推广和算法拓展应用的讨论。

需要说明的是,本章的应用是在对试验的前提条件进行假设的基础上展开的;异源传感器数据在经过一致性检校后,被认为具有可以开展试验的条件。

在理论算法层面,试验取得较为理想的效果。从合成影像与真实影像变化检测统计结果可以得知,绝对误差介于区间 $[-0.1, 0.1]$ 的像素百分比为 92%。在市级估产应用层面,合成影像遥感估产结果与统计官方发布数据相比较,两者间有很好的线性关系,相关系数 R^2 为 0.852。

第8章 主产区内冬小麦种植地块的空间缺损信息修复

　　本章针对结构性缺失信息(即边缘和小块纹理)的算法进行有效性测试,目标是采用改进纹理合成技术实现主产区内冬小麦种植地块的空间缺损信息的修补。

　　首先,选取 TM 遥感影像中冬小麦种植耕地地块作为空间修复的对象,分别取其中混合像素、纯净像素作为空间缺损数据,进行算法验证;其次,选取高分辨率影像作为空间修复的对象,分别取规则纹理、随机纹理、天然纹理作为空间缺损数据,进行算法验证;再次,分别对改进纹理合成技术与各向异性加权先验模型[1]、基于纹理块与梯度特征模型[2]的处理结果进行对比,对合成结果从主观角度进行评价;最后,完成对算法拓展应用的讨论。

8.1 实例分析

　　由于北京冬小麦种植属于都市型种植,其特点是作物面积总量较小,分布破碎,种类较多,空间排布没有规律性,故测试目标是针对结构性缺失信息展开的。本书选取主产区通州、大兴的小麦种植密集地区作为样本Ⅰ、样本Ⅱ,进一步选取其中混合像素(道路地物 5×6)、纯净像素(耕地地块 4×40)作为空间缺损目标,进行算法验证。对中分辨率遥感影像进行试验的结果如图 8-1、表 8-1 所示。

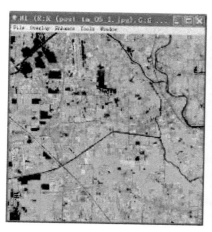

样本Ⅰ　　　　　　　　　　样本Ⅱ

图 8-1　2009 年 5 月 TM 影像样本Ⅰ、Ⅱ

表 8-1 样本中北京市冬小麦种植局部地块

	样本区域	纹理块填充	各向异性模型	本书方法
样本 I	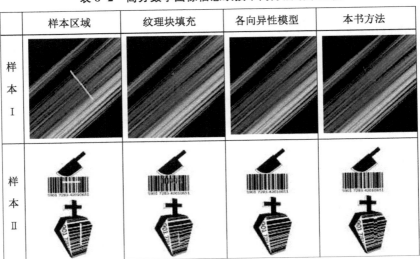			
样本 II				

本试验测试的是缺损区域的方向性边缘和小块纹理特征的缺损,从理论上讲,在中分辨率遥感影像的结构信息缺损时,适宜采用专为修复边缘方向信息缺损的各向异性模型和本书提出的方法。试验显示,从目视效果上来看,在纯净像元处三种方法的处理效果不分上下(见表 8-1 中样本 II),在具有方向性边缘的纹理特征时,纹理块填充效果不佳,后两种效果比较理想(见表 8-1 中样本 I)。

对于大范围的耕地地块信息缺损,本书不做讨论。

此外,本书对高分数字图像的对比算法试验如表 8-2 所示。

表 8-2 高分数字图像信息缺损不同方法结果比较

	样本区域	纹理块填充	各向异性模型	本书方法
样本 I				
样本 II				

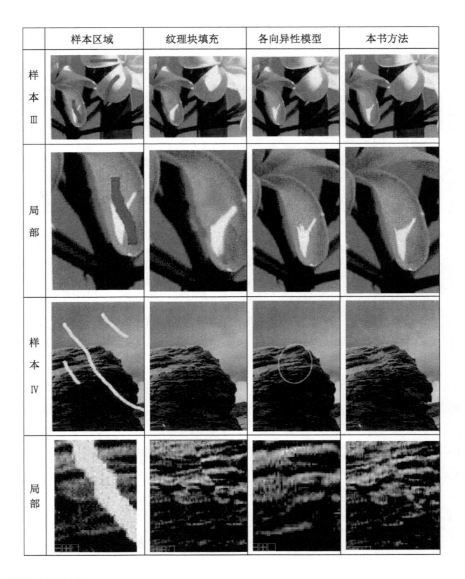

	样本区域	纹理块填充	各向异性模型	本书方法
样本 Ⅲ				
局部				
样本 Ⅳ				
局部				

8.2 算法讨论

在不同信息缺损情况下,对几种空间修复方法的处理效果进行对比,结合试验归纳三种空间修复方法的适用性,结果如表 8-3 所示。

三种空间修复方法的适用性如下:

1)纹理块填充技术的优点是适用于大面积信息恢复,缺点是对样本尺寸等方面不能自适应控制,对于边缘的结构性信息缺损修复效果尚可。

2)各向异性模型的特点是建立空间矢量场,从而自动控制模型的局部方向,具有较强的方向自适应能力,但目前只适于修复结构性信息,不适于修复大范围面积。

3)本书提出的方法对于结构性信息和区域信息缺损均适用,效果较好。随着分形理论和小波理论的引入,可以实现纹理样本尺寸分级自适应处理;如建立方向矢量场,可以控制模型的方向;随着图像修复理论基础的进一步成熟,有望实现自动化。

表 8-3　几种空间修复方法对不同对象的处理效果比较

空间信息缺损特征	影像分级	不同方法		
		各向异性模型	纹理块填充技术	本书方法
结构信息缺损	高分辨率影像	好	一般	好
	中分辨率影像	好	一般	好
	低分辨率影像	未检测	未检测	未检测
区域信息缺损	高分辨率影像	不适用	一般	好
	中分辨率影像	不适用	一般	好
	低分辨率影像	未检测	未检测	未检测

8.3　小结

本章将第 3 章模型应用至遥感实景影像,验证了算法对结构性信息缺损修复方面的有效性,主要完成以下几方面的工作:

首先,针对高分辨率影像、中分辨率影像中的结构信息缺损,对改进纹理合成技术进行有效性验证,对各向异性模型、纹理块填充技术的处理结果进行比较,并从主观角度对合成结果进行评价;

其次,对在不同信息缺损情况下,三种空间修复方法的处理效果进行对比,并对几类空间修复方法的适用性作一归纳,为以后其他方法提供借鉴。

[1] 李安迪,刘祎,张权,等.各向异性加权先验模型 MAP 投影域降噪[J].计算机工程与应用,2018,54(22):180-185.
[2] 兰小丽,刘洪星,姚寒冰.基于纹理块与梯度特征的图像修复改进算法[J].计算机工程与应用,2018,54(20):172-177.

第9章 结 语

9.1 研究贡献

从技术发展历程看,图像时序合成技术最早应用于视频节目的检索与分析,在图像信号处理领域就是一个重要的研究课题。图像时序合成技术发展至今主要应用在视频运动对象自动分割、时序相似搜索、视频处理时序电路图像合成等方面,遥感影像时序合成技术目前还没有独立的研究体系。一方面,本书针对农情监测中迫切关注的关键物候期影像获取缺失问题,以多源不同分辨率影像间具有的空间信息相关性和影像时序自身的时间连续性为主线,较为系统、深入地论述了遥感影像时序插补模型的理论依据、实现技术及其应用。另一方面,本书利用图像修复技术在数字相片修复、古画恢复原貌、图像在压缩—传输—解压过程中的信息缺损、图像水印去除等方面的已有研究,以及在去除影像 SLC 异常缝隙、影像去云等遥感领域的已有部分研究,针对遥感影像的小范围区域缺损问题,改进纹理块合成技术,将逆块克里金技术移植到遥感影像处理领域中,开辟了两种不同的研究思路,并从理论模型、实现技术、试验、应用等环节做了详尽的验证。

从工程应用的角度看,遥感影像数据源缺失严重影响了都市农情监测的正常运行。针对这一瓶颈问题,本书给出了两种解决方案,从实用角度提供了遥感数据应急服务保障机制。首先,依托异源传感器数据,将时空自适应模型、同化算法、空间域迭代算法各领域的算法紧密结合,提出了动态优化时空自适应算法,完成基于实景中低分辨率影像对的中分辨率实时影像合成,并进一步将其应用于冬小麦单产遥感监测农业应用领域。其次,针对单景TM 未能覆盖北京行政区在西、北角存在信息缺损以及冬小麦种植地块的空间结构信息缺损的两种情况,沿用并改进纹理块填充技术,引用并完善地统计学空间内插方法——逆块克里金法,实现了修补区域纹理信息和结构信息的双重应用目的,通过几类空间修复方法试验结果对比及适用性分析,为今后进一步研究提供了理论和技术的基础和借鉴。

本书在具体的研究层面,取得如下认识和成果。

1) 设计了一套遥感影像合成技术的建模—测试体系

该体系的设计目的是建立遥感影像合成算法的一套基本处理流程。具体步骤为:在多源数据使用之前,对数据来源——不同传感器成像异同进行比较,分析其差异指标及差异程度是否影响到后续工程应用;多源数据在预处理之后,相对辐射校正之前,对传感器自身的准确性进行估量,这一项通过多源传感器一致性检验实现;任何模型都是在一些外部条件理想化后实现的,因此在提出模型的同时需要指明模型适用的内部和外部假设条件;模型建立的中间环节涉及设计思想、数学模型、模型检验、适用性/有效性分析等方面的介绍与讨论;

在试验部分,由于模型能否有效利用取决于参数设置,因此可以先简化研究对象,建立一些拟实景的仿真图,一则可以试验算法的可行性,二则通过试验规律总结参数的适用阈;在试验部分,从工程应用多角度对实景影像展开测试,完善其适用性;在试验结束后,对算法自身的推广进行讨论,以及在多种应用场景和特定应用模式下对算法适用性改进进行探究。

2) 制定了一个面向工程应用的遥感影像合成算法评测准则

由于遥感技术的服务指向、实现目标不同,对算法的要求也不尽相同。因此,本书第 3 章中,对改进纹理合成算法从算法本身自动化程度、应用效果两方面进行评估,并提出如下算法评估准则:

接边处理实现自动化;

大小尺寸实现自动化检测;

具有对不同复杂度纹理的适应性;

具有对不同尺寸缺损区的适用性;

算法具有稳定性、鲁棒性。

3) 建立一个针对遥感影像整景缺失的农业遥感监测时序插补模型

一方面,在有限的遥感数据源中,经常遇到由于卫星重访周期长、地面接收条件限制或云量超标等原因造成的所需关键时相影像整景缺失的问题;另一方面,农业物候对时相获取有着迫切需求,如何弥补遥感数据的时序缺失,解决数据在农业应用中遇到的时间性制约,显得极为重要。该模型的特色在于考虑到遥感影像的像素灰度值是一类特殊的观测值,具有系统误差和偶然误差,并用方差定量评价观测值。此外,考虑到异源传感器的数据产品在空间上具有相关性和一致性,同源传感器数据时序在时间上具有连续性,即异源传感器得到同态的地物动态变化。这种研究思路较以往单一的目标研究更具系统性、整体性,结果更加科学,更具说服力。

该模型同时借鉴了空间域迭代、连续校正、时空自适应等系列算法的思路,超越了现有算法,表现在:综合考虑了多源传感器的相互关联性和时间连续性,从而使数据处理更具整体性和时空性;针对现有的基于时间和基于空间的多传感器数据合成方法在预处理过程中未考虑传感器间的关联性和差异性,本书提出了对多个传感器的一致性检验,为后续的相对辐射校正提供传感器准确性的指标依据;基于贫信息下的影像预测模型是一种非线性模型,本书克服了信息量不足的情况下进行预测存在的困难,运用 IDL 语言进行编程,实现了空间预测模型的建立,并以实例验证了模型的有效性;将理论和实际相结合,为了评估所提出的算法的适用性及性能,本书设计了一套仿真图测试策略,包括:根据不同地表特征数字仿真图像;根据不同参数设置评估算法;遥感影像测试(0—1);迭代多次结果比较,为其他同类算法试验提供了参考。

4) 为所提出的算法的适用性及性能,本书设计了一套仿真图测试策略,包括:根据不同地表特征得到数字仿真图像;根据不同参数设置评估算法;进行遥感影像测试(0—1);迭代多次结果比较,为其他同类算法试验提供了参考。

通过试验,得出如下结论:

从视觉角度看,用本书方法得到的结果可以达到 TM 30 m 的空间分辨率,整体较好,但在局部处理不稳定,表现在水域地区呈现 MODIS 大尺度像素斑块,在农田地带,提供了比真实影像更清晰可辨的边缘,这是多源数据的互补性效应。从定量角度看,合成结果绝对误差图统计显示:TM 合成影像结果的绝对误差均值在 0.057 左右,绝对误差为 $[0, 0.1]$ 范围内的像素占 81%。误差方差为 0.1,比较稳定。对迭代前后的结果进行定量分析,迭代之后结果的误差均值较原来略有降低,误差上下限较原来有所缩小。

将地统计学克里金理论移植至遥感影像处理领域,这方面目前已有相应的初期研究,虽然理论还不成熟,但是为解决本书中的问题提供了一种好的思路。本书在其工作基础上完善了理论基础,对其中的两个关键问题找到行之有效的技术支撑,提出了可行的实现方案。总体思路分解为三步:第一步完成地统计参数的估计,采用逆块克里金模型在样本区建立起地统计关系,表示为协方差函数和期望的形式。第二步完成随机变量模拟(random variable simulation),假设估计值满足高斯分布。第三步完成空间布局模拟,采用遗传-退火算法完成。该方法的特色在于只需输入有大范围重叠区的中低分辨率影像,而遥感影像的空间变异性一般用协方差函数(或变异函数)来描述,根据变异函数和低分辨率像素值,在预测区合成得到中分辨率影像。该技术可以实现纹理合成(texture synthesis)和结构信息合成(structure information synthesis)双重应用目的。不足之处是对于遥感影像来说,后续计算量庞大。然而时至今日,随着高性能计算机技术、并行处理技术的发展,这一问题不再是难题。

5)北京地区农业定位为"都市型农业",这种特色农业种植模式对遥感监测提出技术要求。北京冬小麦种植具有以下特征:

作物面积总量较小,分布破碎,种类较多;

分布相对不均,年际变动大;

种植结构相对复杂。

在该模式下,农情监测对数据源获取、数据预处理、面积量测、估产模型、精度评估等一系列环节都有严格的精度要求,本书从遥感信息处理的角度对此展开讨论,对影像时序插补模型和空间修补模型进行试验和结果评价。

6)将影像时序插补模型和空间修复模型应用至遥感实景影像,将前者合成的结果影像应用于北京地区冬小麦单产估测,从影像层面和估产应用层面分别对算法进行评价,将空间修复模型应用至主产区内冬小麦种植地块的空间缺损信息修补,得出以下结论:

在理论算法层面,取得较为理想的效果。从合成影像与真实影像变化检测统计结果可以得知,误差介于区间 $[-0.1, 0.1]$ 的像素百分比为 92%。

在市级估产应用层面,合成影像遥感估产结果与统计官方发布数据相比较,两者间有很好的线性关系,相关系数 R^2 为 0.852。需要说明的是,本书的应用是在算法的试验条件进行两方面假设的基础上展开的,经过异源数据一致性检校,认为数据具有可以开展试验的理想条件。

7)归纳总结几类空间修复方法在不同信息缺损模式下的适用性,作为进一步研究的参考依据。简单概括各方法的适用性如下:

纹理块填充技术的优点是适用于大面积信息恢复,但在样本尺寸等方面未能实现自适应控制,对于边缘的结构性信息缺损修复效果尚可。

各向异性方法的特点是建立空间矢量场自动控制模型的方向,具有较强的方向自适应能力,但目前只适于修复结构性信息,不适于修复大范围面积。

本书提出的方法对于结构性信息和区域信息缺损均适用,效果较好。随着分形理论和小波理论的引入,可以实现纹理样本尺寸分级自适应处理;如建立方向矢量场,可以控制模型的方向;随着图像修复理论基础的进一步成熟,有望实现自动化。

9.2　有待进一步研究的问题

通过对前人工作的总结,并结合自己的研究经验,本书对一般的遥感信息时间缺失和空间缺损的插补和修补技术进行了广泛深入的研究和探讨,但仍然存在深入研究的空间,这里按照主题列出:

9.2.1　算法的继续深入研究点

1) 动态优化时空自适应算法中,可对收敛函数、收敛条件和收敛速度做进一步研究,并提供变化规律和定量化依据。

2) 逆块克里金技术的编程实现及效果优化。采用逆块克里金技术解决大范围的区域信息缺失问题是一种新思路,本书证明该思路是理论正确的算法,可以预见在模拟空间布局实现过程中其计算量将较大。笔者认为纳入并行计算技术后,该问题将不再是难点。

9.2.2　改进算法的方向

1) 针对改进纹理合成技术,还可以在椭圆纹理填充模型中采用以下几种变形模式:

① 构建局部方向场,按照局部方向场,对椭圆纹理模型的方向进行自动调整;

② 构建多级纹理样本,本书提出的方法尚未实现尺度分级,随着分形理论和小波理论的引入,或通过建立图像金字塔模式的纹理库,由粗到精,逐级匹配,可以实现纹理样本尺寸分级自适应处理,采用多级样本,既可取得较好的视觉效果,也可以缩短纹理合成时间;

③ 设置可选纹理样块形状,大大减少了搜索空间,提高了合成的速度;

④ 进行重叠区的纹理合成处理,使用更合理的纹理合成单位,例如纹理片(块),不仅能提高纹理的合成速度,而且可避免以往的算法引起的模糊、纹元错位等问题。

2) 在改进纹理合成算法中,有望对椭圆纹理模型在尺寸、方向、椭圆长短轴之比、重叠度、纹理特征尺度程度等方面实现自动检测。

9.2.3　拓宽算法的适用性

1) 需要说明的是,本书的应用是在对一系列算法进行前提假设的基础上开展的,经过一致性检校,确认数据具有可以开展试验的理想条件。今后可以模拟复杂场景下带有噪声的异源传感器数据进行合成。

2) 对于影像时序插补技术,本书讨论了两种时序影像的缺失情况。

① 情况一：当缺失景为当前景，即没有后续景可以参考时，对于预测景的位置是否可以不作要求；

② 情况二：当当日的 MODIS 数据获取情况不理想或缺失，需要取邻近的数据作替代时，对相隔时间有何定量要求。

3）对于动态优化时空自适应算法，本书讨论了在两种不同应用模式下的推广形式。

① 多时相影像公式的表达形式。假设有多景影像构成影像时序，对其中缺失的一景进行预测，建议对影像时序做时序曲线，采用自回归滑动平均模型（auto regressive moving averager model，ARMA）进行估值，得到序列估计值。

② 多源传感器公式的表达形式。假设由多传感器构成影像集合，对其中缺失的一景的某分辨率传感器影像进行预测，建议取其中分辨率较高的影像为参照进行处理，作为影像集合估计值。

遥感影像合成技术受到服务对象对结果质量的要求以及各种不确定性因素的影响，遥感影像的处理过程非常复杂，获得完全清楚的每个数据源、每类地面目标、每个影响因素、每种方法对成百上千种应用目的的适用情况，并非是一朝一夕的事情，需要进行长期的、系统的研究。本书仅在外部环境理想化和内部条件一致性检验条件下做讨论，具体算法仍值得深入研究，从而拓展在不同应用模式下的适应性。笔者认为将地学统计应用于遥感影像合成是一个尚未充分开发的领域，希望在今后的工作中做进一步探讨，同时希望图像处理的同行给予指点，提出宝贵意见。